Certificação

LPI-1

101 – 102

Certificação LPI-1

101 – 102

Luciano Antonio Siqueira

6ª edição

Curso completo para LPIC-1

6ª edição, revisada e ampliada.
Exercícios para todos os tópicos.
Livro preparado para a nova prova, válida a partir de 2019

Rio de Janeiro, 2019

Certificação LPI – 1 (101 – 102) — 6ª Edição
 ISBN: 978-85-508-1061-4

Impresso no Brasil — 6ª Edição, 2019 — Edição revisada conforme o Acordo Ortográfico da Língua Portuguesa de 2009.

Publique seu livro com a Alta Books. Para mais informações envie um e-mail para autoria@altabooks.com.br

Obra disponível para venda corporativa e/ou personalizada. Para mais informações, fale com projetos@altabooks.com.br

Produção Editorial
Editora Alta Books

Gerência Editorial
Anderson Vieira

Produtor Editorial
Juliana de Oliveira
Thiê Alves

Assistente Editorial
Maria de Lourdes Borges

Marketing Editorial
marketing@altabooks.com.br

Editor de Aquisição
José Rugeri
j.rugeri@altabooks.com.br

Vendas Atacado e Varejo
Daniele Fonseca
Viviane Paiva
comercial@altabooks.com.br

Ouvidoria
ouvidoria@altabooks.com.br

Equipe Editorial
Adriano Barros
Bianca Teodoro
Carolinne de Oliveira
Ian Verçosa
Illysabelle Trajano
Keyciane Botelho
Larissa Lima
Laryssa Gomes
Leandro Lacerda
Livia Carvalho
Paulo Gomes
Raquel Porto
Thales Silva
Thauan Gomes

Revisão Gramatical
Alessandro Thomé
Jana Araujo

Diagramação
Luisa Maria Gomes

Capa
Paola Viveiros

Dados Internacionais de Catalogação na Publicação (CIP) de acordo com ISBD

S618c Siqueira, Luciano Antonio

Certificação LPI – 1 / Luciano Antonio Siqueira. - Rio de Janeiro : Alta Books, 2019.
256 p. ; 17cm x 24cm.

ISBN: 978-85-508-1061-4

1. Ciência da Computação. II. Arquitetura de sistema. III. Certificação LPI – 1. I. Título.

2018-1587 CDD 004
CDU 004

Elaborado por Vagner Rodolfo da Silva - CRB-8/9410

Rua Viúva Cláudio, 291 — Bairro Industrial do Jacaré
CEP: 20.970-031 — Rio de Janeiro (RJ)
Tels.: (21) 3278-8069 / 3278-8419
www.altabooks.com.br — altabooks@altabooks.com.br
www.facebook.com/altabooks — www.instagram.com/altabooks

ASSOCIADO

Suba e me veja às vezes
Então tentarei te alcançar
Bem do fundo do meu mar
Pois, você vê, eu aprendo

(Arnaldo Baptista)

N. do E.: O questionário online citado nos tópicos deste livro pode ser acessado em **www.altabooks.com.br**. Procure pelo nome/ISBN do livro.

Sumário

Prefácio por José Carlos Gouveia

Este livro destina-se a candidatos em busca da certificação LPI nível 1 (LPIC-1) e atende tanto às necessidades de profissionais que já trabalham com outros sistemas operacionais como as de profissionais de Linux em geral. Este projeto da Linux New Media, tão bem conduzido por Rafael Peregrino e Claudio Bazzoli, foi desenvolvido por Luciano Siqueira, um profissional raro, capaz de aliar conhecimentos técnicos profundos com uma impressionante capacidade de comunicação. Como resultado, temos esta obra completa, abrangente e, ao mesmo tempo, que dá todas as condições para que um candidato se prepare para as provas de certificação LPIC-1.

O LPI – Linux Professional Institute Linux (*www.lpi.org*) promove e certifica habilidades essenciais em Linux e em tecnologias de Open Source por meio de provas abrangentes, de alta qualidade e independentes de distribuições Linux. O LPI foi criado em 1999, pela comunidade Linux, como uma organização internacional sem fins lucrativos, com o objetivo de ser reconhecido como o líder global na certificação de profissionais de Linux, promovendo o Linux e o movimento de Open Source.

O programa de certificação profissional LPI é composto de três níveis de certificação (LPIC-1, LPIC-2 e LPIC-3), sendo que a certificação LPIC-1 tem como alvo profissionais juniores e plenos, ao passo que a certificação LPIC-2 é orientada a profissionais mais experientes e líderes de equipes. Para que um candidato seja certificado no nível 2, é necessário que já tenha obtido a certificação no nível 1.

No mundo de tecnologia, certificações profissionais são cada vez mais necessárias, uma vez que são um indicativo claro e objetivo do conhecimento de uma pessoa a respeito de um determinado assunto, no nosso caso, o Linux. Obviamente, na hora de uma contratação, por exemplo, outros fatores também contam, mas o mais difícil de se avaliar é o conhecimento, já que as características pessoais e a experiência podem ser facilmente avaliadas com entrevistas, testes, referências etc.

Assim, pode-se dizer que a certificação profissional acaba sendo uma ferramenta essencial tanto para quem contrata como para quem é contratado, garantindo que os candidatos tenham as habilidades necessárias e, consequentemente, sejam capazes de executar o que se espera deles. Dessa forma, garante-se um padrão de qualidade e facilita-se tanto a contratação como futuras promoções.

José Carlos Gouveia

José Carlos Gouveia foi diretor geral do Linux Professional Institute – LPI – da América Latina. Anteriormente, trabalhou por cinco anos para a SGI – Silicon Graphics – como diretor geral da América Latina, além de ter sido diretor geral da Novell, Platinum Technology, PeopleSoft e JDEdwards, foi também diretor da Anderson Consulting (Accenture) e da Dun&Bradstreet Software e gerente da EDS. Gouveia é formado em Ciência da Computação pela Unicamp, com pós-graduação pela Unicamp e pela PUC-RJ.

Introdução

O LPI é o padrão global de certificação para profissionais de código aberto. Com mais de 600 mil exames realizados, é o primeiro e maior organismo de certificação Linux e código aberto do mundo. O LPI tem profissionais certificados em mais de 180 países, oferece exames em 9 idiomas e tem centenas de parceiros de treinamento.

Todo leitor familiarizado com sistemas operacionais Linux se beneficiará da leitura deste livro. Contudo, é recomendável ter uma experiência básica com o sistema, sobretudo na linha de comando. Para quem é iniciante no Linux, recomendo a leitura prévia do *curso Linux Essentials*, disponível gratuitamente em *https://lcnsqr.com/curso-linux-essentials*.

A presente edição reflete a nova **versão 5.0** dos objetivos definidos pelo Linux Professional Institute para o exame de Certificação LPI nível 1, efetivos a partir de 2019. Assim como em atualizações anteriores, o foco é reduzir a ênfase em tecnologias que estão ficando defasadas e dar mais ênfase a tecnologias que vêm sendo adotadas por padrão na maioria das distribuições Linux. O exemplo mais claro dessa abordagem é o reforço ainda maior no *systemd* como controlador do sistema em detrimento de outros padrões que aos poucos estão caindo em desuso. Outro exemplo é a utilização do *NetworkManager* como ferramenta padrão para controle das conexões de rede, inclusive quando a configuração é feita pela linha de comando.

Conceitos de virtualização em serviços de nuvem agora são abordados no exame. O conhecimento da linguagem SQL foi retirado, dada a sua relação indireta com a administração de sistemas Linux. Outro assunto removido foi a administração de cotas de disco, que já não é empregada como no passado. Os detalhes de cada assunto exigido no exame podem ser consultados no apêndice do livro. Além das alterações de conteúdo, praticamente todo o texto foi reformulado para dar mais fluidez à leitura, sem deixar de lado o objetivo de entregar ao leitor a integralidade do conhecimento exigido.

Este livro está organizado segundo o programa de conteúdos oficiais para a Certificação LPI-1. Dessa forma, o candidato encontrará exatamente os temas que são abordados nos exames de certificação, na profundidade que é exigida para a prova. Além disso, a sequência dos assuntos corresponde à sequência em que serão abordados na prova. Essa estrutura auxilia o candidato a manter o foco naquilo que é importante para a prova, mas sem deixar de lado a coerência e a consistência do texto.

Ao final de cada tópico, o leitor pode avaliar seu desempenho respondendo a perguntas correspondentes aos temas abordados no tópico em questão. A partir desta edição, os questionários são um recurso online disponível no endereço indicado no final de cada tópico. Com a finalidade de familiarizar o candidato, as perguntas foram formuladas com o mesmo formato em que apareceram nos exames de certificação.

Professores e escolas podem se beneficiar da adoção deste livro. Conteúdos densos são abordados de forma objetiva e coesa, o que facilita o ensino e a preparação de aulas.

A leitura do livro não dispensa a experimentação prática, devendo, assim, ser acompanhada de atividades práticas. Dado o grande volume de assuntos abordados, a utilização das ferramentas e conceitos demonstrados são muito importantes para a fixação, principalmente para quem os está vendo pela primeira vez.

Tópico 101:

Arquitetura de Sistema

Principais temas abordados:

- Aspectos fundamentais de configuração de hardware no Linux.
- Carregamento (*boot*) do sistema.
- Níveis de execução e desligamento.

101.1 Identificar e editar configurações de hardware

Peso 2

A principal finalidade de um sistema operacional é ser uma camada de abstração entre as funções de nível baixo de uma máquina e as funções de nível alto. As funções de nível baixo correspondem às instruções pré-definidas nos componentes eletrônicos que compõem a máquina. Essas funções são combinadas pelo sistema operacional para formar as funções de nível alto, que são uma interface de abstração conceitual utilizada pelos aplicativos. Essa abordagem evita que cada aplicativo lide diretamente com os detalhes intrínsecos do hardware e permite modelos computacionais mais sofisticados, como o ambiente multitarefa.

A partir da década de 1980, os computadores corporativos e pessoais passaram a incorporar itens de hardware cada vez mais complexos, e os sistemas operacionais acompanharam essa evolução. Para evitar que o sistema operacional ficasse atrelado a componentes específicos, certos padrões de configuração e comunicação eletrônica foram estabelecidos pela indústria. Essas configurações podem ser ajustadas, a depender da finalidade da máquina e dos demais componentes ligados a ela.

Antes mesmo que um sistema operacional esteja instalado, essas configurações de hardware podem ser ajustadas invocando-se o utilitário de configuração assim que o equipamento é ligado. Até meados dos anos 2000, esse utilitário de configuração era o **BIOS** (*Basic Input/Output System*, ou Sistema Básico de Entrada/Saída), em referência ao nome do *firmware* contendo as rotinas básicas de configuração encontrado nas placas-mãe da arquitetura *x86*. Já a partir do final da primeira década dos anos 2000, os computadores da plataforma x86 passaram a utilizar o sistema **UEFI**, que permite incorporar recursos mais sofisticados de identificação, configuração, testes e atualização de firmware. Apesar dessa mudança, ainda é comum chamar de BIOS esse utilitário de configuração, pois ambos os sistemas cumprem propósitos praticamente iguais.

Ativação de dispositivos

O utilitário de configuração (o "BIOS") é invocado ao se pressionar alguma tecla específica assim que o computador é ligado. A tecla varia conforme o fabricante, mas costuma ser a tecla **Del** ou uma das teclas de função, como **F2** ou **F12**. Geralmente a tecla em questão é exibida em uma mensagem na tela.

Por meio desse utilitário é possível liberar e bloquear periféricos integrados, ativar proteção básica contra erros e configurar endereços I/O, IRQ e DMA. Dificilmente será necessário alterar qualquer uma dessas configurações nas máquinas atuais, mas pode ser necessário acessar o utilitário para configurar certos recursos específicos da instalação em questão. Alguns tipos de memória, por exemplo, podem trabalhar em uma velocidade de comunicação maior que aquela definida por padrão, sendo conveniente fazer a alteração para a velocidade mais alta informada pelo fabricante. Alguns processadores oferecem recursos que podem ser desnecessários e podem ser desativados, proporcionando economia de energia ou até maior segurança, pois podem existir falhas de hardware que podem ser exploradas em ataques. No caso de diversos dispositivos de armazenamento estarem instalados, é importante definir qual deles contém o carregador de boot correto e deve ser o primeiro na ordem de verificação de boot. O sistema operacional pode não ser carregado caso o dispositivo incorreto esteja à frente na ordem de verificação de boot no BIOS.

Inspeção de dispositivos

Uma vez que os dispositivos estejam corretamente identificados, cabe ao sistema operacional associar os componentes de software necessários para a correta operação de cada dispositivo.

Existem duas maneiras básicas de identificar recursos de hardware dentro de um sistema Linux: utilizando comandos específicos ou lendo arquivos dentro de sistemas de arquivos especiais.

Comandos de inspeção

São dois os comandos fundamentais que identificam a presença de dispositivos:

`lspci`

Mostra todos os componentes conectados ao barramento PCI, como controladoras de disco, placas externas, controladoras USB, placas integradas etc.

`lsusb`

Mostra os dispositivos USB conectados à máquina.

Os comandos `lspci` e `lsusb` mostram uma lista de todos os dispositivos no barramento PCI e USB cuja presença foi identificada pelo sistema operacional. Isso não quer dizer que o dispositivo esteja funcional, pois para cada componente de hardware é necessário um componente de software que controla o dispositivo correspondente. Esse componente de software é chamado módulo, e na maioria dos casos já está presente no sistema operacional.

> **Módulos e Drivers**
>
> Os módulos do Linux também são chamados de *drivers*, como é caso em outros sistemas operacionais. Porém, diferente do que acontece com o *Microsoft Windows*, por exemplo, nem sempre os drivers para Linux são fornecidos pelos próprios fabricantes do dispositivo. A responsabilidade por escrever esses drivers costuma ser dos próprios desenvolvedores do Linux. Por esse motivo, alguns componentes que funcionam no Windows com o driver fornecido pelo fabricante podem não ter um módulo funcional no Linux. Apesar disso, poucos são os casos de dispositivos que não funcionam no Linux, como alguns modelos dos já ultrapassados *Winmodems*.

O seguinte trecho de saída do comando `lspci` mostra alguns dispositivos identificados:

```
01:00.0 VGA compatible controller: NVIDIA Corporation GM107 [GeForce GTX 750 Ti] (rev a2)
04:02.0 Network controller: Ralink corp. RT2561/RT61 802.11g PCI
04:04.0 Multimedia audio controller: VIA Technologies Inc. ICE1712 [Envy24] PCI Multi-
        Channel I/O Controller (rev 02)
04:06.0 FireWire (IEEE 1394): LSI Corporation FW322/323 [TrueFire] 1394a Controller (rev
        70)
```

Podemos obter mais detalhes de um desses dispositivos com o próprio comando `lspci`, fornecendo o endereço do dispositivo (os números no início da linha) com a opção `-s` e detalhando a listagem com a opção `-v`:

```
# lspci -s 04:02.0 -v
04:02.0 Network controller: Ralink corp. RT2561/RT61 802.11g PCI
    Subsystem: Linksys WMP54G v4.1
    Flags: bus master, slow devsel, latency 32, IRQ 21
    Memory at e3100000 (32-bit, non-prefetchable) [size=32K]
    Capabilities: [40] Power Management version 2
    kernel driver in use: rt61pci
```

Nessa saída, são exibidos vários detalhes do dispositivo. Trata-se de uma interface de rede, cujo nome interno é *Ralink corp. RT2561/RT61 802.11g PCI*. O *Subsystem* está associado à marca do dispositivo — *Linksys WMP54G v4.1* — e pode ajudar a identificá-lo.

O módulo pode ser identificado na linha *kernel driver in use*, que indica o módulo *rt61pci*. A partir dessas informações, pode-se assumir que:

1. O dispositivo foi identificado.
2. Um módulo correspondente foi carregado.
3. O dispositivo está pronto para uso.

Outra maneira de verificar qual módulo do kernel está associado é utilizar a opção -k do comando lspci:

```
# lspci -s 01:00.0 -k
01:00.0 VGA compatible controller: NVIDIA Corporation GM107 [GeForce GTX 750 Ti] (rev a2)
    kernel driver in use: nvidia
    kernel modules: nouveau, nvidia_drm, nvidia
```

No caso desse dispositivo, uma placa aceleradora de vídeo *NVIDIA*, o lspci, exibiu que o módulo em uso é o *nvidia*, na linha *kernel driver in use: nvidia*, e os outros módulos compatíveis, na linha *kernel modules: nouveau, nvidia_drm, nvidia.*

O comando lsusb é semelhante ao lspci e produz uma saída como esta:

```
# lsusb
Bus 001 Device 029: ID 1781:0c9f Multiple Vendors USBtiny
Bus 001 Device 028: ID 093a:2521 Pixart Imaging, Inc. Optical Mouse
Bus 001 Device 020: ID 1131:1001 Integrated System Solution Corp. KY-BT100 Bluetooth
        Adapter
Bus 001 Device 011: ID 04f2:0402 Chicony Electronics Co., Ltd Genius LuxeMate i200
        Keyboard
Bus 001 Device 007: ID 0424:7800 Standard Microsystems Corp.
Bus 001 Device 003: ID 0424:2514 Standard Microsystems Corp. USB 2.0 Hub
Bus 001 Device 002: ID 0424:2514 Standard Microsystems Corp. USB 2.0 Hub
Bus 001 Device 001: ID 1d6b:0002 Linux Foundation 2.0 root hub
```

Ele mostra os canais USB disponíveis e os dispositivos conectados. São exibidos mais detalhes sobre os dispositivos com a opção -v. Um dispositivo específico pode ser escolhido ao informar o ID com a opção -d:

```
# lsusb -v -d 1781:0c9f

Bus 001 Device 029: ID 1781:0c9f Multiple Vendors USBtiny
Device Descriptor:
    bLength                 18
    bDescriptorType         1
    bcdUSB                  1.01
    bDeviceClass            255 Vendor Specific Class
    bDeviceSubClass         0
    bDeviceProtocol         0
    bMaxPacketSize0         8
    idVendor                0x1781 Multiple Vendors
    idProduct               0x0c9f USBtiny
    bcdDevice               1.04
    iManufacturer           0
    iProduct                2 USBtiny
    iSerial                 0
```

```
    bNumConfigurations      1
(...)
```

Com a opção -t, o comando lsusb exibe os dispositivos USB em uma árvore hierárquica:

```
# lsusb -t
/: Bus 01.Port 1: Dev 1, Class=root_hub, Driver=dwc_otg/1p, 480M
    |  Port 1: Dev 2, If 0, Class=Hub, Driver=hub/4p, 480M
        |  Port 1: Dev 3, If 0, Class=Hub, Driver=hub/3p, 480M
            |  Port 2: Dev 11, If 1, Class=Human Interface Device, Driver=usbhid, 1.5M
            |  Port 2: Dev 11, If 0, Class=Human Interface Device, Driver=usbhid, 1.5M
            |  Port 3: Dev 20, If 0, Class=Wireless, Driver=btusb, 12M
            |  Port 3: Dev 20, If 1, Class=Wireless, Driver=btusb, 12M
            |  Port 3: Dev 20, If 2, Class=Application Specific Interface, Driver=, 12M
            |  Port 1: Dev 7, If 0, Class=Vendor Specific Class, Driver=lan78xx, 480M
        |  Port 2: Dev 28, If 0, Class=Human Interface Device, Driver=usbhid, 1.5M
        |  Port 3: Dev 29, If 0, Class=Vendor Specific Class, Driver=, 1.5M
```

É possível que nem todo dispositivo tenha um módulo do kernel associado a ele. A comunicação com certos dispositivos pode ser realizada diretamente pela aplicação sem ser intermediada por um módulo. Quando existir um módulo associado, seu nome será exibido no final da linha correspondente ao dispositivo. Para verificar qual dispositivo está utilizando o módulo *btusb*, por exemplo, devem ser indicados os números de *Bus* e *Dev* para o comando lsusb com a opção -s:

```
# lsusb -s 01:20
Bus 001 Device 020: ID 1131:1001 Integrated System Solution Corp. KY-BT100 Bluetooth
Adapter
```

O comando lsmod lista todos os módulos atualmente carregados:

```
# lsmod
Module                  Size    Used by
(...)
kvm_intel               138528  0
kvm                     421021  1 kvm_intel
iTCO_wdt                13480   0
iTCO_vendor_support     13419   1 iTCO_wdt
snd_usb_audio           149112  2
snd_hda_codec_realtek   51465   1
snd_ice1712             75006   3
snd_hda_intel           44075   7
```

```
arc4                    12608   2
snd_cs8427              13978   1 snd_ice1712
snd_i2c                 13828   2 snd_ice1712,snd_cs8427
snd_ice17xx_ak4xxx      13128   1 snd_ice1712
snd_ak4xxx_adda         18487   2 snd_ice1712,snd_ice17xx_ak4xxx
microcode               23527   0
snd_usbmidi_lib         24845   1 snd_usb_audio
gspca_pac7302           17481   0
gspca_main              36226   1 gspca_pac7302
videodev                132348  2 gspca_main,gspca_pac7302
rt61pci                 32326   0
rt2x00pci               13083   1 rt61pci
media                   20840   1 videodev
rt2x00mmio              13322   1 rt61pci
hid_dr                  12776   0
snd_mpu401_uart         13992   1 snd_ice1712
rt2x00lib               67108   3 rt61pci,rt2x00pci,rt2x00mmio
snd_rawmidi             29394   2 snd_usbmidi_lib,snd_mpu401_uart
(...)
```

A saída do comando `lsmod` é dividida em três colunas:

`Module`

Nome do módulo.

`Size`

Memória ocupada pelo módulo, em bytes.

`Used by`

Módulos dependentes.

É comum que alguns módulos tenham dependências, como é o caso de módulos de dispositivos de áudio:

```
# lsmod | fgrep -i snd_hda_intel
snd_hda_intel    42658    5
snd_hda_codec    155748   3 snd_hda_codec_hdmi,snd_hda_codec_via,snd_hda_intel
snd_pcm          81999    3 snd_hda_codec_hdmi,snd_hda_codec,snd_hda_intel
snd_page_alloc   13852    2 snd_pcm,snd_hda_intel
snd              59132    19 snd_hwdep,snd_timer,snd_hda_codec_hdmi,snd_hda_codec_
                          via,snd_pcm,snd_seq,snd_hda_codec,snd_hda_intel,snd_seq_device
```

A terceira coluna, *Used by*, exibe os módulos que necessitam daquele na primeira coluna. Diversos módulos do sistema de som do Linux, o sistema *Alsa*, são interdependentes.

Ao realizar diagnósticos de problemas, pode ser conveniente descarregar algum módulo que esteja carregado na memória. O comando `modprobe` pode ser utilizado tanto para carregar quanto para descarregar módulos do kernel.

Para descarregar um módulo e os módulos diretamente relacionados, desde que não estejam sendo utilizados por outros recursos, é usado o comando `modprobe -r`. Por exemplo, para descarregar o módulo `snd-hda-intel` (referente ao dispositivo de som HDA Intel) e demais módulos relacionados ao sistema de som (caso não estejam sendo utilizados por outros recursos):

```
# modprobe -r snd-hda-intel
```

Além da possibilidade de carregar e descarregar módulos do kernel com o sistema em funcionamento, é possível passar opções para um módulo durante seu carregamento de maneira semelhante a passar opções para um comando. Cada módulo aceita opções e valores específicos, mas que na maioria das vezes não precisam ser informados. Contudo, em alguns casos pode ser necessário passar parâmetros ao módulo para alterar seu comportamento e operar como desejado. Usando como argumento apenas o nome do módulo, o comando `modinfo` mostra a descrição, o arquivo, o autor, a licença, a identificação, as dependências e os parâmetros para o módulo solicitado. As opções para cada módulo podem ser aplicadas de modo permanente usando-se o arquivo de configuração `/etc/modprobe.conf` ou em arquivos individuais terminados em `.conf` no diretório `/etc/modprobe.d/`. Caso um módulo esteja causando problemas de compatibilidade, o arquivo `/etc/modprobe.d/blacklist.conf` pode ser utilizado para bloquear o carregamento do módulo em questão. Por exemplo, para evitar que o módulo *nouveau* seja carregado, a linha a seguir pode ser incluída no arquivo `/etc/modprobe.d/blacklist.conf`:

```
blacklist nouveau
```

Essa ação em particular é necessária quando o módulo proprietário é instalado no sistema e se quer evitar que o módulo padrão *nouveau* interfira no módulo *nvidia*.

Arquivos especiais e de dispositivos

Tanto o comando `lspci` quanto o `lsusb` e o `lsmod` servem como facilitadores de leitura das informações de hardware armazenadas pelo sistema. Essas informações ficam em arquivos especiais localizados nos diretórios `/proc` e `/sys`.

O diretório `/proc` contém arquivos com informações dos processos ativos e de recursos de hardware. Alguns arquivos importantes encontrados no diretório `/proc`:

/proc/cpuinfo

Informação sobre o(s) processador(es) encontrado(s) pelo sistema.

/proc/dma

Informação sobre os canais de acesso direto à memória.

/proc/ioports

Informação sobre endereços de memória usados pelos dispositivos.

/proc/interrupts

Informação sobre as requisições de interrupção (IRQ) nos processadores.

Os arquivos em /sys têm função semelhante aos do /proc. Porém, o diretório /sys tem a função específica de armazenar informações de dispositivos, enquanto o /proc agrega também muitas informações de processos.

Tratando-se de dispositivos, outro diretório muito importante é o /dev. Nele encontramos arquivos especiais que representam a maioria dos dispositivos do sistema, particularmente dispositivos de armazenamento.

Um disco IDE, por exemplo, quando conectado ao primeiro canal IDE da placa mãe, é representado pelo arquivo /dev/hda. Cada partição nesse disco será identificada como /dev/hda1, /dev/hda2, até a última partição encontrada.

Dispositivos removíveis são tratados pelo subsistema *udev*, que atualiza os arquivos correspondentes em /dev. Combinado à arquitetura hotplug do kernel, o udev identifica o dispositivo e cria os arquivos em /dev dinamicamente, a partir de regras predeterminadas.

Hotplug

Hotplug é o termo utilizado para designar a detecção e configuração de dispositivos durante a execução do sistema, como no caso de dispositivos USB. O recurso de hotplug foi incorporado ao Linux a partir do kernel 2.6. Dessa forma, qualquer barramento (PCI, USB etc) pode disparar eventos hotplug quando um dispositivo é conectado ou desconectado.

Nos sistemas atuais, o udev é responsável por identificar e configurar tanto os dispositivos presentes desde o ligamento da máquina (*coldplug*) quanto os dispositivos conectados com o computador em funcionamento (*hotplug*). As informações de identificação do dispositivo ficam armazenadas em um sistema de arquivos lógico chamado **SysFS**, cujo ponto de montagem é /sys.

Assim que um novo dispositivo é detectado, o udev utiliza regras predeterminadas presentes em /etc/udev/rules.d/. Como a maioria dos arquivos de regras já acompanha a distribuição, dificilmente há necessidade de alterá-los.

Dispositivos de armazenamento

Dispositivos de armazenamento no Linux são conhecidos como *dispositivos de bloco*. O uso desse termo decorre da maneira como os dados são lidos e escritos: em blocos de diferentes tamanhos e alinhamentos. Todo dispositivo de bloco encontrado é identificado por um arquivo dentro do diretório /dev. O nome utilizado para o arquivo depende do tipo do dispositivo (IDE, SATA, SCSI etc.) e das partições nele contidas. Dispositivos de CD/DVD e disquetes também têm aquivos correspondentes em /dev. Um drive de CD/DVD conectado ao segundo canal IDE será identificado como /dev/hdc. Um dispositivo de disquete tradicional é identificado pelo arquivo /dev/fd0, /dev/fd0 etc. em função das iniciais de *floppy disk*.

A partir da versão 2.4 do kernel Linux, a maioria dos dispositivos de armazenamento são identificados como se fossem discos SATA. Dispositivos IDE, SSD e drives USB recebem o prefixo *sd*. No caso de discos IDE, os nomes serão criados com o prefixo *sd*, mas ainda será respeitado o esquema de nomes por *master* ou *slave* (no primeiro canal IDE, *sda* para master e *sdb* para slave, por exemplo). As partições são listadas numericamente. Os caminhos /dev/sda1, /dev/sda2 etc. são usados para a primeira e a segunda partições do primeiro dispositivo identificado e /dev/sdb1, /dev/sdb2 etc. usados para a primeira e segunda partições do segundo dispositivo identificado. A exceção a esse padrão ocorre com cartões de memória (cartões SD) e dispositivos NVMe (dispositivos SSD conectados ao barramento PCI Express). No caso dos cartões SD, os caminhos /dev/mmcblk0p1, /dev/mmcblk0p1 etc. são usados para a primeira e a segunda partições do primeiro dispositivo identificado, e /dev/mmcblk1p1, /dev/mmcblk1p1 etc. são usados para a primeira e segunda partições do segundo dispositivo identificado. Dispositivos NVMe recebem o prefixo *nvme*, como em /dev/nvme0n1p1 e /dev/nvme0n1p2.

101.2 Início (boot) do sistema

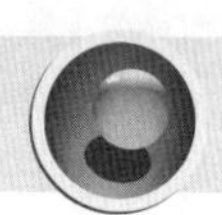

Peso 3

Para que possa controlar o computador, o componente central do sistema operacional, o *kernel*, precisa ser carregado por um programa chamado *carregador de boot*, que por sua vez é invocado pelo BIOS ou pelo UEFI. O carregador de boot é configurável e pode passar opções para o kernel, tais como qual partição contém os arquivos do sistema operacional ou se o sistema deve iniciar no modo de manutenção. Logo depois de carregado, o kernel dá continuidade ao processo de boot, identificando os dispositivos fundamentais e acionando o inicializador dos componentes do sistema.

BIOS ou UEFI

Os procedimentos desempenhados pelo computador para invocar o carregador de boot diferem se a máquina opera com BIOS ou com UEFI. O **BIOS**, sigla de *Basic Input/Output System*, é um programa armazenado em um chip de memória conectado à placa-mãe, que é executado assim que o computador é ligado. Esse tipo de programa costuma ser designado por *firmware*, e o local onde é armazenado é independente dos demais dispositivos de armazenamento que podem estar presentes no sistema. O BIOS espera que os primeiros 440 bytes no primeiro dispositivo de armazenamento, conforme a ordem definida no utilitário de configuração do BIOS, contenham o estágio inicial do carregador de boot. Esses 440 bytes são chamados de **MBR**, *Master Boot Record*, do dispositivo de armazenamento em questão. Caso o MBR não contenha os dados apropriados, será necessário carregar o sistema por algum meio alternativo.

Em linhas gerais, as etapas de inicialização pré-sistema operacional em um sistema com BIOS são:

1. O processo POST (*power-on self-test*) é executado assim que a máquina é ligada para identificar erros básicos de hardware.
2. O BIOS ativa os dispositivos necessários para o carregamento do sistema, como monitor, teclado e dispositivos de armazenamento.
3. O BIOS carrega o primeiro estágio do carregador de boot (bootloader) a partir da MBR (os primeiros 440 bytes no primeiro dispositivo de armazenamento, conforme a ordem de boot definida pelo BIOS).
4. O primeiro estágio invoca o segundo estágio do bootloader, responsável por apresentar as opções de boot e carregar o kernel.

O **UEFI**, sigla de *Unified Extensible Firmware Interface*, difere do BIOS em alguns pontos importantes. Como o BIOS, o UEFI também é um firmware, mas é capaz de ler a tabela de partições e alguns sistemas de arquivos nos dispositivos de armazenamento presentes no sistema. O UEFI ignora os dados presentes na MBR, levando em conta definições presentes em uma memória de armazenamento não volátil (*NVRAM*) presente na placa-mãe.

Essas definições indicam a localização dos programas compatíveis com o UEFI, chamados *aplicativos EFI*, que poderão ser executados automaticamente ou a partir do menu de boot. Eles podem ser carregadores de boot, seletores de sistema operacional, ferramentas de diagnóstico e correção etc. Os aplicativos EFI devem estar armazenados em um sistema de arquivos compatível em uma partição convencional de um dispositivo de armazenamento. Por padrão, os sistemas de arquivos compatíveis são o *FAT12*, *FAT16* e *FAT32* em dispositivos de bloco, e o ISO-9660, no caso de mídias ópticas. Esse método de inicialização permite implementar ferramentas bem mais sofisticadas que aquelas oferecidas pelo BIOS.

A partição que contém os aplicativos EFI é chamada *Partição de Sistema EFI*,ou *ESP* (sigla do inglês *EFI System Partition*), e deve ser uma partição distinta daquela que contém os demais arquivos do sistema operacional e arquivos de usuários. O diretório *EFI* contém os aplicativos que poderão ser indicados por entradas salvas na NVRAM.

Em linhas gerais, as etapas de inicialização pré-sistema operacional em um sistema com UEFI são:

1. O processo POST (*power-on self-test*) é executado assim que a máquina é ligada, para identificar erros básicos de hardware.
2. O UEFI ativa os dispositivos necessários para o carregamento do sistema, como monitor, teclado e dispositivos de armazenamento.
3. O firmware do UEFI lê as definições armazenadas na NVRAM para localizar o sistema de arquivos da partição ESP e executar o aplicativo EFI predefinido, normalmente o primeiro estágio do carregador de boot.
4. Se o aplicativo EFI predefinido for um bootloader, o kernel do sistema será carregado para iniciar o sistema operacional.

Em alguns computadores existe o recurso chamado *Secure Boot*, que permite somente a utilização de aplicativos EFI assinados (autorizados pelo fabricante). Esse recurso aumenta a proteção contra alterações mal-intencionadas nos carregadores de boot, mas pode dificultar a instalação de sistemas operacionais não suportados pelo fabricante.

Carregador de boot (Bootloader)

O carregador de boot (também chamado pelo termo em inglês *bootloader*) mais utilizado em sistemas Linux instalados na plataforma x86 é o **Grub**. Assim que é invocado pelo BIOS ou UEFI, por padrão o Grub apresenta uma lista dos sistemas disponíveis para inicialização. Quando essa lista não aparece automaticamente, pode ser invocada pressionando-se a tecla **Shift** enquanto o Grub é iniciado em sistemas com BIOS. Em sistemas com UEFI, a tecla **Esc** deve ser pressionada.

Pelo menu do Grub é possível escolher qual dos kernels instalados deve ser carregado e passar novos parâmetros para o kernel. A maioria dos parâmetros obedece ao formato *item=valor*. Alguns parâmetros comuns são:

`acpi`

Liga/desliga o suporte a ACPI. Colocar `acpi=off` desativa o suporte A ACPI.

init

Define outro inicializador do sistema no ligar do inicializador padrão. Colocar init=/bin/bash define o shell Bash como inicializador padrão.

systemd.unit

Define um alvo do *systemd* diferente do padrão para iniciar o sistema. Por exemplo, systemd.unit=graphical.target. O systemd também aceita as designações de níveis de execução do padrão *System V*. Para iniciar no nível de execução *1*, por exemplo, basta incluir o número 1 ou a letra *S* (*de single*) como parâmetro do kernel.

mem

Define o quanto de memória RAM estará disponível para o sistema. Essa opção é utilizada em sistemas virtualizados para limitar a quantidade de memória disponível para cada sistema convidado. Colocar mem=512M limita em 512 megabytes a memória RAM disponível para o sistema que será carregado.

maxcpus

Em máquinas que têm suporte a multiprocessadores, limita o número máximo de processadores (ou núcleos) visíveis para o sistema. Também é apropriada para sistemas virtualizados. O valor 0 desliga o suporte a multiprocessadores e corresponde a utilizar o parâmetro nosmp. Colocar maxcpus=2 limita em dois processadores para o sistema.

quiet

Não exibe a maioria das mensagens durante o boot.

vga

Seleciona um modo de vídeo. Colocar vga=ask exibirá uma lista de opções para escolha.

root

Define uma partição-raiz diferente da predeterminada pelo carregador de boot. Por exemplo, root=/dev/sda3.

rootflags

Opções de montagem para o sistema de arquivos raiz.

ro

Realiza a montagem inicial da partição-raiz como somente leitura.

rw

Ativa a opção de escrita durante a montagem inicial da partição raiz.

A alteração dos parâmetros do kernel não costuma ser necessária, mas pode ser útil em situações de diagnóstico e correção de problemas. Para que novas opções sejam permanentes, devem ser incluídas no arquivo /etc/default/grub, na linha GRUB_CMDLINE_LINUX. Quando esse arquivo é alterado, um novo arquivo de configuração do carregador de boot deve ser criado com o comando grub-mkconfig -o /boot/grub/grub.cfg. Com o sistema operacional já carregado, os parâmetros que foram passados para o kernel podem ser consultados no arquivo /proc/cmdline.

Inicialização do sistema

Além do kernel, o sistema operacional depende de vários outros componentes que garantem as funcionalidades esperadas. Vários desses componentes são carregados durante o processo de inicialização do sistema e podem ser *scripts* de inicialização ou *serviços*. Os scripts de inicialização são responsáveis por executar alguma operação somente durante o processo de inicialização do sistema. Já os serviços, também conhecidos como **daemons**, ficam ativos durante todo o tempo em que o sistema operacional está em funcionamento, pois são responsáveis por aspectos intrínsecos ao sistema operacional.

Sistema operacional

No sentido estrito do termo, o *sistema operacional* consiste apenas no kernel, que controla o hardware e gerencia os processos. Na prática, o termo "sistema operacional" é utilizado para designar todo um conjunto de softwares necessários para que um usuário possa desempenhar tarefas básicas.

A inicialização do sistema operacional começa assim que o bootloader carrega o kernel na memória. O kernel assumirá o controle do computador e configurará os recursos básicos do sistema operacional, como a configuração dos componentes fundamentais de hardware e a paginação de memória.

Em seguida, o kernel abre a **initramfs** (*initial RAM filesystem*). A initramfs é um arquivo compactado que contém um sistema de arquivos utilizado temporariamente como sistema de arquivos-raiz durante a inicialização do sistema. A principal finalidade da initramfs é fornecer os módulos necessários para o kernel acessar o sistema de arquivos-raiz do sistema operacional.

Assim que o sistema de arquivos-raiz do sistema operacional estiver disponível, o kernel monta as demais partições indicadas no arquivo `/etc/fstab` e invoca o inicializador do sistema, um programa chamado **init**. O init é o responsável por executar os scripts de inicialização e os daemons do sistema. Existem outros programas que têm a mesma finalidade do `init`, mas são implementados de modo distinto, como o **systemd** e o **Upstart**.

Inspeção da inicialização

Durante o processo de inicialização podem ocorrer erros que não impedem o sistema operacional de finalizar o carregamento, mas que podem prejudicar seu funcionamento correto. Eventuais erros geram mensagens que contêm informações relevantes para a correção. Mesmo que nenhum erro aconteça, as informações geradas durante a inicialização podem ser úteis para outros fins.

O *kernel ring buffer* é um espaço de memória que armazena as mensagens emitidas diretamente pelo kernel, inclusive durante a inicialização, mesmo que estas tenham sido ocultadas por uma imagem ou animação de carregamento. O kernel ring buffer pode ser consultado com o comando `dmesg`, e em sistemas que utilizam o systemd, também pode ser utilizado o comando `journalctl` com a opção `-b`, `--boot`, `-k` ou `--dmesg`. O kernel ring buffer é zerado sempre que o sistema é reiniciado, mas pode ser deliberadamente zerado com o comando `dmesg --clear`.

As mensagens de inicialização e outras informações emitidas pelo sistema operacional são armazenadas em arquivos no diretório `/var/log/`. Caso algum erro impeça o sistema de carregar e não tenha ocorrido nos estágios do kernel e da initramfs, uma mídia de boot alternativa pode ser utilizada para acessar o sistema de arquivos em questão, e esses arquivos podem ser inspecionados para identificar o problema e avaliar possíveis soluções.

101.3 Alternar runlevels/boot targets, desligar e reiniciar o sistema

Peso 3

O inicializador do sistema, ou simplesmente **init**, é o processo responsável por controlar os serviços (*daemons*) do sistema. Existem daemons com todo tipo de finalidade, como serviços de rede (servidor HTTP, compartilhamento de arquivos, e-mail etc.), banco de dados, configuração etc. O controle dos serviços pode ser feito por meio de scripts do shell ou por um programa que interpreta arquivos de configuração. O primeiro método é aplicado pelo init padrão **SysVinit**, também conhecido por *System V* ou somente *SysV*. O segundo método é aplicado pelo **systemd** e pelo **Upstart**. Historicamente, o inicializador SysV foi o mais utilizado por distribuições Linux. Hoje é mais comum encontrar o systemd como o inicializador padrão na maioria das distribuições. Por ser o primeiro programa iniciado logo após a inicialização do kernel, o PID (número de identificação de processo) do processo inicializador é sempre **1**.

É conveniente que um mesmo sistema seja capaz de ativar diferentes conjuntos de daemons dependendo das circunstâncias. Deve ser possível, por exemplo, executar apenas um conjunto reduzido de recursos quando se deseja fazer a manutenção do sistema operacional.

SysVinit

O SysVinit controla quais daemons e recursos devem estar ativos usando o conceito de *runlevels* (níveis de execução). O programa responsável por gerir os runlevels e daemons/recursos correspondentes é o /sbin/init. Durante o processo de inicialização do sistema, o init identifica o nível de execução informado no carregamento do kernel ou no arquivo de configuração /etc/inittab e carrega scripts correspondentes, indicados nesse mesmo arquivo. Na maioria das distribuições Linux que utilizam o padrão SysVinit, os scripts invocados pelo init ficam no diretório /etc/init.d/.

Os runlevels são numerados de **0** a **6** e têm os seguintes propósitos:

`Runlevel 0`

Desligamento do sistema.

`Runlevel 1, s ou single`

Modo de usuário único, sem rede ou outros recursos não fundamentais (modo de manutenção).

`Runlevel 2, 3 ou 4`

Modo multiusuário. Usuários podem entrar no sistema via console ou via rede. Os runlevels 2 e 4 nem sempre são utilizados.

`Runlevel 5`

Modo multiusuário. Equivalente ao runlevel 3, mais o login em modo gráfico.

`Runlevel 6`

Reinicialização do sistema.

Os únicos runlevels comuns a toda distribuição Linux são o runlevel **0**, **1** e **6**. Via de regra, o próprio arquivo /etc/inittab, que define os runlevels, traz também informações a respeito de cada um deles no sistema em questão.

O formato das entradas no /etc/inittab é *id:runlevels:ação:processo*. O termo *id* se refere um nome de até quatro caracteres para identificar a entrada do inittab. O termo *runlevels* se refere à lista dos runlevels para os quais a ação da entrada deverá ser executada. O termo *ação* se refere ao tipo de ação a ser tomada, e o termo *processo*, ao comando a ser acionado. Algumas ações comuns estão listadas a seguir:

`boot`

O processo será executado durante o carregamento do sistema. O campo *runlevels* é ignorado nessa entrada.

`bootwait`

O processo será executado durante o carregamento do sistema. O init aguardará seu encerramento para prosseguir. O campo *runlevels* é ignorado nessa entrada.

`sysinit`

O processo será executado durante o carregamento do sistema, independente do nível de execução. O campo *runlevels* é ignorado nessa entrada.

`wait`

O processo será executado, e o programa init aguardará seu término para prosseguir.

`respawn`

O processo será reiniciado caso seja interrompido.

`ctrlaltdel`

O processo será executado quando o init receber o sinal *SIGINT*, disparado quando as teclas `Ctrl` + `Alt` + `Del` são pressionadas.

O runlevel padrão, aquele que será utilizado a menos que outros sejam passados no carregamento do kernel, é definido no próprio arquivo `/etc/inittab`, na entrada `id:x:initdefault`. O `x` é o número do runlevel iniciado por padrão. Esse número jamais pode ser 0 ou 6, pois causaria o desligamento ou a reinicialização logo durante o boot. Se nenhum parâmetro for passado para o kernel, o runlevel inicial será aquele especificado no arquivo `/etc/inittab`.

Exemplo de um arquivo `/etc/inittab`:

```
# Nível de execução (Runlevel) padrão
id:2:initdefault:

# Script de configuração executado durante o boot
si::sysinit:/etc/init.d/rcS

# Ação tomada no nível S (usuário único)
~:S:wait:/sbin/sulogin

# Configuração para cada nível de execução
l0:0:wait:/etc/init.d/rc 0
l1:1:wait:/etc/init.d/rc 1
l2:2:wait:/etc/init.d/rc 2
l3:3:wait:/etc/init.d/rc 3
l4:4:wait:/etc/init.d/rc 4
l5:5:wait:/etc/init.d/rc 5
l6:6:wait:/etc/init.d/rc 6

# Ação tomada em resposta a ctrl+alt+del
ca::ctrlaltdel:/sbin/shutdown -r now

# Consoles ativados para os runlevels 2 e 3
1:23:respawn:/sbin/getty tty1 VC linux
2:23:respawn:/sbin/getty tty2 VC linux
3:23:respawn:/sbin/getty tty3 VC linux
4:23:respawn:/sbin/getty tty4 VC linux
```

```
# No runlevel 3, ativar também consoles no
# terminal (ttyS0) e modem modem (ttyS1)
S0:3:respawn:/sbin/getty -L 9600 ttyS0 vt320
S1:3:respawn:/sbin/mgetty -x0 -D ttyS1
```

Os scripts utilizados pelo `init` para configurar cada runlevel são armazenados no diretório `/etc/init.d/`. Cada runlevel tem um diretório associado em `/etc/`, nomeados como `/etc/rc0.d/`, `/etc/rc1.d/`, `/etc/rc2.d/` etc., que contêm os scripts que devem ser executados quando o runlevel correspondente é iniciado. Como um mesmo script pode ser invocado para diferentes níveis de execução, os arquivos nesses diretórios apenas indicam o caminho para o verdadeiro arquivo em `/etc/init.d/`. Além disso, a primeira letra dos arquivos nos diretórios de cada runlevel indicam se o serviço correspondente deve ser iniciado ou finalizado para o runlevel em questão. Um arquivo começando com a letra *K* indica que o serviço deve ser terminado (*K* de *kill*), e com a letra *S* indica que o serviço deve ser iniciado (*S* de *start*). O diretório `/etc/rc1.d`, por exemplo, contém vários arquivos iniciando com a letra *K* que correspondem aos serviços de rede, haja vista que o nível de execução 1 corresponde ao modo de usuário único, sem rede.

O comando `telinit q` deve ser executado sempre que o arquivo `/etc/inittab` for alterado. O argumento `q` (ou `Q`) determina que a configuração seja recarregada. Esse passo é importante para evitar que o sistema fique inacessível caso exista algum erro importante no arquivo `/etc/inittab`.

Para identificar em qual runlevel o sistema está operando, é utilizado o comando `runlevel`. O comando `runlevel` mostra dois algarismos: o primeiro mostra o runlevel anterior, e o segundo mostra o runlevel atual:

```
$ runlevel
N 3
```

No caso do exemplo, não houve alteração no runlevel desde que o sistema foi carregado. Por isso é exibida a letra `N` anterior ao runlevel atual do sistema, 3, que nesse caso é o runlevel padrão.

Para alternar entre runlevels após o boot, pode-se usar o próprio comando `init` ou o comando `telinit`, fornecendo como argumento o número do runlevel desejado. Por exemplo, alternar para o runlevel *1* pode ser feito com o comando `telinit 1`, `telinit s` ou `telinit S`.

systemd

O **systemd** é um gerenciador de sistema e serviços modernizado, mas que mantém compatibilidade com os comandos e níveis de execução do padrão **SysV**. O systemd tem uma forte capacidade de paralelização, utiliza ativação de serviços por sockets e D-Bus, disparo sob demanda dos daemons, monitoramento dos processos por *cgroups*, suporte a *snapshots*, restauro do estado do sistema, controle dos pontos de montagem e implementa uma lógica elaborada de controle de serviços baseada em dependência das transações. Atualmente, o systemd já é adotado pela maioria das distribuições mais populares.

O systemd inicia e supervisiona todo os serviços do sistema baseando-se no conceito de unidades(*units*). Uma unidade é composta por um nome e um tipo e tem um arquivo de configuração correspondente. Por exemplo, a unidade para um processo servidor **httpd** (como o *Apache*) será `httpd.service`, e seu arquivo de configuração também se chamará `httpd.service`.

Existem sete tipos diferentes de unidades:

`service`

O tipo mais comum, onde serviços podem ser iniciados, interrompidos, reiniciados e recarregados.

`socket`

Esse tipo de unidade pode ser um socket no sistema de arquivos ou na rede. Cada unidade do tipo socket tem uma unidade do tipo *service* correspondente, que é iniciada somente quando uma requisição chega à unidade socket.

`device`

Uma unidade para um dispositivo presente na árvore de dispositivos identificados pelo Linux. Um dispositivo é exposto como unidade do systemd se houver uma regra do udev com essa finalidade. Propriedades definidas na regra udev podem ser utilizadas como configurações para definir dependências em unidades de dispositivo.

`mount`

Um ponto de montagem no sistema de arquivos, semelhante a uma entrada em `/etc/fstab`.

`automount`

Um ponto de montagem automática no sistema de arquivos. Cada unidade automount tem uma unidade mount correspondente, que é iniciada quando o ponto de montagem automática é acessado.

`target`

Agrupamento de unidades, de forma que sejam controladas em conjunto. A unidade *multi-user.target*, por exemplo, agrega as unidades necessárias ao ambiente multi-usuário. É correspondente ao nível de execução número 5 em um ambiente controlado por SysV.

`snapshot`

É semelhante à unidade target. Apenas aponta para outras unidades.

O principal comando para a administração das unidades do systemd é o `systemctl`. Ele é utilizado para todas as ações envolvendo o gerenciamento das unidades, como ativação, desativação, execução, interrupção, monitoramento etc. Tomando como exemplo a unidade hipotética chamada *unit.service*, as ações mais comuns com o comando `systemctl` são:

`systemctl start unit.service`

Inicia a unidade *unit*.

`systemctl stop unit.service`

Interrompe a unidade *unit*.

`systemctl restart unit.service`

Reinicia a unidade *unit*.

`systemctl status unit.service`

Exibe o estado da unidade *unit*, incluindo se está ativa ou não.

`systemctl enable unit.service`

A unidade *unit* será ativada durante o carregamento do sistema.

`systemctl disable unit.service`

A unidade *unit* não será ativada durante o carregamento do sistema.

`systemctl is-enabled unit.service`

Verifica se a unidade *unit* é ativada durante o carregamento do sistema. A resposta é obtida ao consultar o valor da variável de saída `$?`. O valor `0` indica que o s serviço é ativado durante o carregamento do sistema, e o valor 1 indica que o valor não é ativado durante o carregamento do sistema.

Caso não existam outros tipos de unidades com o mesmo nome, o sufixo após o ponto pode ser suprimido. Se, por exemplo, existir apenas uma unidade chamada *unit* e for do tipo *service*, basta indicar o termo *unit* como argumento para o comando `systemctl`.

O comando `systemctl` também é utilizado para controlar os *targets* (alvos) do sistema. Os targets são semelhantes aos níveis de execução do SysV. O target *multi-user*, por exemplo, é equivalente ao runlevel 5 em um sistema que utiliza o padrão SysV.

O comando `systemctl isolate` alterna entre os diferentes targets. Portanto, para manualmente alternar para o target *multi-user*, utiliza-se:

```
# systemctl isolate multi-user.target
```

Para facilitar o entendimento, há targets de correspondência para cada nível de execução do SysV, que vão do runlevel0.target ao runlevel6.target. Apesar disso, o systemd não utiliza o arquivo /etc/inittab. Para alterar o alvo-padrão do systemd, pode ser incluída a opção systemd.unit nos parâmetros de carregamento do kernel. Por exemplo, para definir o alvo multi-user.target como o alvo-padrão, utiliza-se systemd.unit=multi-user.target como parâmetro do kernel. Os parâmetros do kernel podem ser alterados de maneira persistente no arquivo de configuração do carregador de boot.

Outra maneira de alterar o alvo-padrão do systemd é redefinir o link simbólico /etc/systemd/system/default.target, que aponta pada um alvo. A definição do link pode ser feita com o próprio comando systemctl:

```
# systemctl set-default multi-user.target
```

Como no caso dos sistemas que utilizam o padrão SysV, deve-se ter cuidado para não definir a alvo-padrão para shutdown.target, que corresponde ao nível de execução 0 (desligamento).

Os arquivos de configuração correspondentes a cada unidade encontram-se no diretório /lib/systemd/system/. O comando systemctl list-unit-files exibe a lista de todas as unidades disponíveis e informa se são ativadas durante o carregamento do sistema. O tipo da unidade pode ser indicado com a opção --type, como em systemctl list-unit-files --type=service e systemctl list-unit-files --type=target.

As unidades que estão ou estiveram ativas durante a execução atual do sistema podem ser consultadas como o comando systemctl list-units. Como no caso da ação list-unit-files, o comando systemctl list-units --type=service lista as unidades do tipo *service*, e o comando systemctl list-units--type=target exibe as unidades do tipo *target*.

O systemd também é responsável por responder a certos eventos relacionados ao gerenciamento de energia. As ações que serão tomadas são definidas no arquivo /etc/systemd/logind.conf ou em arquivos separados no diretório /etc/systemd/logind.conf.d/. Contudo, esse recurso do systemd só pode ser utilizado quando não há um gerenciador de energia dedicado, como o **acpid**. O acpid é o principal daemon gerenciador de energia em sistemas Linux e permite um ajuste mais fino nas ações referentes a eventos como o fechamento da tela do laptop, baixa carga de bateria ou a inserção da fonte de alimentação.

Upstart

O *upstart* é um gerenciador de serviços utilizado como substituto ao tradicional *init*. Como o systemd, seu principal objetivo é tornar o boot mais rápido ao carregar os serviços paralelamente de modo eficiente. O sistema operacional Linux mais popular a adotar o upstart foi o *Ubuntu*. Contudo, as novas versões da distribuição adotam o systemd.

Os scripts de inicialização utilizados pelo upstart localizam-se no diretório /etc/init/. Os serviços do sistema podem ser listados com o comando initctl list, que também exibe o estado do serviço e o número do processo (se ativo):

```
# initctl list
avahi-cups-reload stop/waiting
avahi-daemon start/running, process 1123
mountall-net stop/waiting
mountnfs-bootclean.sh start/running
nmbd start/running, process 3085
passwd stop/waiting
rc stop/waiting
rsyslog start/running, process 1095
tty4 start/running, process 1761
udev start/running, process 1073
upstart-udev-bridge start/running, process 1066
console-setup stop/waiting
irqbalance start/running, process 1842
plymouth-log stop/waiting
smbd start/running, process 1457
tty5 start/running, process 1764
failsafe stop/waiting
(...)
```

Cada ação do upstart tem um comando independente. Por exemplo, para iniciar o sexto terminal virtual com o comando start:

```
# start tty6
```

Verificar seu status com o comando status:

```
# status tty6
tty6 start/running, process 3282
```

E interrompê-lo com o comando stop:

```
stop tty6
```

O upstart não utiliza o arquivo /etc/inittab para definir os níveis de execução, mas os comandos tradicionais runlevel e telinit podem ser utilizados para verificar e alternar entre os níveis de execução.

Desligamento e reinicialização

O comando mais tradicionalmente utilizado para desligar ou reiniciar o sistema é o comando `shutdown`, pois agrega algumas funções importantes. Ele automaticamente notifica todos os usuários no sistema com uma mensagem exibida no terminal, e novos logins são bloqueados. O `shutdown` atua como intermediário para o SysVinit e o systemd, ou seja, ele executa a ação solicitada invocando a ação correspondente no padrão adotado pelo sistema em questão.

Após invocar o `shutdown`, todos os processos recebem o sinal *SIGTERM*, seguido de *SIGKILL*, antes de o sistema desligar ou alternar o runlevel. O padrão, caso não sejam usadas as opções `-h` ou `-r`, é que o sistema alterne para o runlevel 1, ou seja, usuário único. O comando shutdown é invocado utilizando a sintaxe `shutdown [opção] horário [mensagem]`.

Apenas o argumento *horário* é obrigatório. Ele indica quando efetuar a ação requisitada, e seu formato pode ser:

`hh:mm`

Horário para execução.

`+m`

Quantos minutos até a execução.

`now` ou `+0`

Execução imediata.

O argumento *mensagem* será o aviso enviado a todos os usuários que estiverem logados no sistema.

Quando utilizando o SysVinit, é possível permitir que apenas usuários específicos possam desligar ou reiniciar a máquina pressionando **Ctrl** + **Alt** + **Del**. Para isso, a opção `-a` deve acompanhar o comando `shutdown` presente na linha do arquivo `/etc/inittab` referente à ação `ctrlaltdel`. Dessa forma, somente os usuários cujos nomes de login constarem no arquivo `/etc/shutdown.allow` poderão reiniciar o sistema usando a combinação de teclas.

O comando `systemctl` também pode ser utilizado para desligar ou reiniciar a máquina em sistemas que utilizam o systemd. Para reiniciar, é utilizado o comando `systemctl reboot`. Para desligar, é utilizado o comando `systemctl poweroff`. Ambos devem ser executados pelo usuário root, pois usuários comuns não têm permissão para executar tais operações.

Nem sempre é necessário desligar ou reiniciar a máquina em função de atividades de manutenção. Contudo, quando alternando para o modo de usuário único para manutenção, é importante alertar previamente os demais usuários presentes no sistema para evitar prejudicá-los.

Semelhante ao que pode ser feito com o comando `shutdown` ao desligar ou reiniciar a máquina, o comando `wall` é capaz de enviar uma mensagem no terminal de todos os usuários atualmente utilizando o sistema. Para usá-lo, basta informar um arquivo ou escrever diretamente a mensagem como argumento.

QUESTIONÁRIO

Tópico 101

Revise os temas abordados:

- Identificar e editar configurações de hardware
- Início (boot) do sistema
- Alternar runlevels/boot targets, desligar e reiniciar o sistema

Para responder ao questionário, acesse
https://lcnsqr.com/@aifgk

Tópico 102:

Instalação do Linux e administração de pacotes

Principais temas abordados:

- Elaboração de esquema de partições para o Linux.
- Configuração e instalação de um gerenciador de inicialização.
- Controle de bibliotecas compartilhadas por programas.
- Utilização dos sistemas de pacotes Debian e RPM.
- Virtualização.

102.1 Dimensionar partições de disco

Peso 2

No Linux, todos os sistemas de arquivos em partições são acessados por um processo chamado *montagem*. Nele, o sistema de arquivos em uma partição de dispositivo de armazenamento é vinculado a um diretório, chamado ponto de montagem. Qualquer diretório pode ser utilizado como ponto de montagem.

Sistema de arquivos raiz

O principal ponto de montagem é a chamada *raiz da árvore de diretórios*, ou simplesmente *raiz*, e é representada por uma barra (/). É necessariamente o primeiro diretório a ter seu dispositivo vinculado.

No padrão MBR ou DOS, as partições que recebem um sistema de arquivos tradicional do Linux devem ser identificadas com o código hexadecimal **83** (representado por 0x83, *Linux Native*). Como o próprio nome já sugere, o particionamento apenas reserva um espaço no dispositivo. Esse espaço precisa ser formatado com um sistema de arquivos para que possa receber os diretórios e arquivos.

Via de regra, todo esse processo é feito de forma quase transparente pelo utilitário de instalação das distribuições atuais. Depois de montada a raiz, os diretórios contidos nesse dispositivo poderão ser pontos de montagem para outros dispositivos.

A ordem de montagem dos sistemas de arquivos a partir do boot é dada por:

1. O carregador de boot carrega o kernel e transmite as informações sobre a localização do dispositivo raiz.
2. Com a raiz montada, os demais dispositivos são montados conforme as instruções encontradas no arquivo `/etc/fstab`.

É muito importante que o arquivo `/etc/fstab` esteja no sistema de arquivos do dispositivo raiz. Caso contrário, não será possível montar os demais sistemas de arquivo, dado que as informações de montagem destes não serão encontradas.

Em geral, duas partições são o mínimo exigido em sistemas Linux tradicionais. Uma será a raiz, e a outra será a partição de *swap*. Em sistemas que adotam o padrão UEFI é necessária uma pequena partição adicional, chamada ESP, utilizada para armazenar os arquivos associados ao UEFI. Fora essas, não há regras inflexíveis quanto à criação de partições, devendo ser avaliado o melhor esquema para a função que o sistema desempenhará.

A partição swap

Todos os programas em execução, as bibliotecas e os arquivos relacionados são mantidos na memória do sistema para tornar o acesso a eles muito mais rápido. Contudo, se esses dados alcançarem o tamanho máximo de memória disponível, todo o funcionamento ficará demasiado lento, e o sistema poderá até travar. Por esse motivo, é possível alocar um espaço em disco que age como uma memória adicional, evitando a ocupação total da memória RAM e possíveis travamentos. No Linux, esse espaço em disco é chamado *swap* e deve ser criado em uma partição separada das partições de dados convencionais.

No padrão MBR ou DOS, uma partição swap é identificada pelo código hexadecimal **82** (0x82), atribuído na sua criação. Geralmente o tamanho da partição swap corresponde ao dobro da quantidade de memória RAM presente no sistema. Essa regra, apesar de não ser prejudicial, não fará diferença em sistemas com vários gigabytes de memória RAM. Apesar de não ser comum, é possível utilizar mais de uma partição de swap no mesmo sistema.

Swap e memória RAM

O espaço de swap é utilizado somente quando não há mais memória RAM disponível, evitando possíveis falhas e até travamentos de sistema. Quando a memória RAM é insuficiente, o próprio sistema se encarrega de colocar na swap aqueles dados de memória que não estão sendo utilizados no momento. Contudo, muitos dados em swap significam um sistema muito lento, pois o tempo de leitura e escrita em disco é muito maior quando comparado à memória RAM. Portanto, alocar mais espaço de swap em um sistema com pouca memória RAM não será a solução para um baixo desempenho.

É recomendável criar partições de swap nos dispositivos mais velozes. Se possível, em dispositivos distintos daqueles cujos dados sejam frequentemente acessados pelo sistema. Também é possível criar grandes arquivos como área de swap, o que geralmente é feito em situações emergenciais, quando o sistema ameaça ficar sem memória disponível.

Pontos de montagem

Tudo no sistema pode ficar alojado diretamente na partição raiz. Em certos casos, porém, é interessante criar uma partição distinta para alguns diretórios específicos, principalmente em servidores que sejam muito exigidos. Os principais diretórios que podem estar em outros dispositivos/partições são listados a seguir:

`/var`

Esse diretório contém as filas de e-mail, filas de impressão, arquivos temporários e bancos de dados. Ele abriga também os arquivos de log, cujo conteúdo está em constante alteração e crescimento. Esses tipos de arquivos têm uma frequência de modificação bastante alta.

`/tmp`

Espaço temporário utilizado por programas. Uma partição distinta para **/tmp** impedirá que dados temporários ocupem todo o espaço no diretório raiz, o que pode causar travamento do sistema.

`/home`

Contém os diretórios e arquivos pessoais dos usuários. Uma partição distinta ajuda a limitar o espaço disponível para usuários comuns e evita que ocupem todo o espaço disponível no dispositivo.

`/boot`

Ponto de montagem para a partição contendo o kernel e imagens do ramdisk inicial. A separação desse diretório é necessária apenas nos casos em que a arquitetura da máquina exija que o kernel esteja antes do cilindro 1024 do disco rígido. Também é necessária quando o bootloader não for capaz de trabalhar com o sistema de arquivos utilizado na partição raiz.

`/boot/esp ou /boot/efi`

Em sistemas que adotam o padrão UEFI, é necessário que exista uma partição distinta para os arquivos utilizados pelo UEFI, normalmente acessível pelo ponto de montagem **/boot/esp** ou **/boot/efi**. Essa partição precisa ser formatada com um sistema de arquivos *FAT12*, *FAT16* ou *FAT32*

`/usr`

O diretório **/usr** contém programas, bibliotecas, códigos-fonte e documentação. A frequência de alteração destes é baixa, mas colocá-los em um dispositivo distinto reduz a intensidade de acesso em um mesmo dispositivo e pode aumentar a performance.

Alguns diretório não podem ser pontos de montagem para outras partições, como é o caso de **/etc**, **/bin**, **/sbin**. Esses diretórios e os arquivos que eles contêm são necessários para que o sistema inicie e possa montar os demais dispositivos.

LVM

O LVM, *Logical Volume Manager*, é um método que permite interagir com os dispositivos de armazenamento de maneira dinâmica, sem lidar com a rigidez inerente às partições tradicionais. Com o LVM é possível redimensionar, incluir e remover volumes lógicos de armazenamento sem necessidade de reparticionar fisicamente o dispositivo. O LVM também oferece o recurso de criar *snapshots*, que permitem fazer a cópia de um volume lógico muito mais rapidamente que com uma cópia convencional.

Um esquema LVM pode ser dividido em cinco elementos conceituais:

`VG:` *`Volume Group`*

Nível mais alto de abstração do LVM. Reúne a coleção de volumes lógicos (*LV*) e volumes físicos (*PV*) em uma unidade administrativa.

`PV:` *`Physical Volume`*

Tipicamente um disco rígido, uma partição do disco ou qualquer dispositivo de armazenamento de mesma natureza, como um dispositivo *RAID*.

`LV:` *`Logical Volume`*

O equivalente a uma partição de disco tradicional. Tal qual uma partição tradicional, deve ser formatado com um sistema de arquivos.

`PE:` *`Physical Extent`*

Cada volume físico é dividido em pequenos "pedaços", chamados *PE*. Têm o mesmo tamanho do *LE* (*Logical Extent*).

`LE:` *`Logical Extent`*

Semelhante ao *PE*, cada volume lógico também é dividido em pequenos "pedaços", chamados *LE*. Seu tamanho é o mesmo para todos os volumes lógicos.

Criação de um Volume Group

O kernel mantém as informações de LVM em um cache, gerado pelo comando vgscan. Esse comando deve ser executado mesmo que ainda não existam partições LVM, circunstância em que será criado um cache vazio.

Em seguida, os PVs devem ser iniciados. É muito importante assegurar que as partições utilizadas estejam vazias, para evitar qualquer perda acidental de dados. Por exemplo, para criar PV nas partições /dev/sdb1 e /dev/sdb2:

```
# pvcreate /dev/sdb1
Physical volume "/dev/sdb1" succesfully created

# pvcreate /dev/sdb2
Physical volume "/dev/sdb2" succesfully created
```

Com os PV iniciados, um novo grupo de volumes pode ser criado. Para criar um grupo de volumes chamado *meulvm*, com o comando vgcreate:

```
# vgcreate meulvm /dev/sdb1 /dev/sdb2
```

Os PV são indicados em sequência, após o nome do VG. Diversas opções, como o tamanho de PE, podem ser indicadas. Na sua ausência, valores padrão são utilizados. Após a criação do VG, sua ativação para uso é feita com o comando vgchange:

```
# vgchange -a y meulvm
```

Informações técnicas do VG recém-criado, como tamanho e espaço disponível, são exibidas com o comando `vgdisplay`, indicando como parâmetro o nome do VG em questão.

Inclusão de volumes

Os LV são criados dentro de um VG ativo que tenha espaço livre disponível. O tamanho do LV pode ser especificado em número de *extents* com a opção `-l` ou em MB com a opção `-L`. Por exemplo, para criar um LV de 500 MB no VG *meulvm*:

```
lvcreate -L 500 meulvm
```

Como não foi especificado um nome para o LV, um padrão numerado será utilizado. Caso seja o primeiro LV no VG, será nomeado como *lvol0*, se for o segundo, será nomeado *lvol1*, e assim por diante. Sua localização no sistema de arquivos será dentro do diretório do VG em `/dev`: `/dev/meulvm/lvol0`, `/dev/meulvm/lvol1` etc.

Com os LV prontos, os sistemas de arquivos podem ser criados com os comandos tradicionais, como o `mkfs`.

102.2 Instalar o gerenciador de inicialização

Peso 2

O gerenciador de inicialização é o componente responsável por localizar e carregar o kernel Linux, procedimento fundamental para o funcionamento do sistema operacional. Atualmente, a maioria das distribuições Linux utiliza o **GRUB** como carregador de boot, tanto nas máquinas que usam o BIOS quanto nas que adotam o novo padrão UEFI. A versão tradicional do GRUB, chamada *legacy*, está gradualmente sendo substituída por sua implementação mais moderna, chamada *GRUB 2*.

Em sistemas que usam BIOS, a MBR (*Master Boot Record* ou Registro Mestre de Inicialização) ocupa o primeiro setor do disco (440 bytes). Esse espaço é reservado a essa finalidade e não interfere na tabela de partições, podendo ser sobrescrito pelo gerenciador de inicialização. Assim que é carregado pelo BIOS, o *bootloader* lê as configurações (que podem estar gravadas no próprio MBR ou dentro de uma partição) e a partir delas localiza e carrega o kernel.

GRUB Legacy

O GRUB (*Grand Unified Bootloader*) é o carregador de boot mais utilizado pelas distribuições Linux. A implementação mais moderna do GRUB, *GRUB 2*, é mais comum, mas a implementação anterior, *GRUB Legacy*, ainda pode ser encontrada em alguns sistemas de produção.

O GRUB Legacy é instalado na MBR com o comando comando `grub-install`, que obtém as instruções a partir do arquivo de configuração `/boot/grub/menu.lst`. O arquivo pode ser dividido em duas partes. Uma trata das configurações gerais do carregador de boot, e a outra define cada opção de carregamento e suas configurações. As principais opções globais em `/boot/grub/menu.lst` são:

`default`

Qual entrada correspondente a um kernel deve ser inicializada, começando em 0.

`timeout`

Tempo de espera para iniciar o boot, em segundos.

Opções individuais para cada opção de boot:

`title`

Nome para o item.

`root`

Localização do carregador de segundo estágio e do kernel (**hd0,0** equivale a `/dev/hda1` ou `/dev/sda1`, de acordo com tipo de dispositivo instalado).

`kernel`

Caminho para o kernel (relativo à opção *root*).

`ro`

Montar inicialmente em modo somente leitura.

`initrd`

Caminho para a imagem initrd.

O carregador de boot instalado na MBR pelo GRUB é capaz de localizar o arquivo de configuração diretamente em sua partição, dispensando a necessidade de reinstalar o GRUB toda vez que a configuração é alterada.

GRUB 2

GRUB 2 é o sucessor do GRUB. Diferentemente de outros saltos de versão, em que atualizações não representam mudanças estruturais drásticas, o GRUB 2 está totalmente reescrito. Apesar de manter muitas semelhanças com o GRUB Legacy, praticamente todos os seus aspectos foram modificados.

Dentre as melhorias trazidas pelo GRUB 2, destacam-se:

- Suporte a scripts com instruções condicionais e funções.
- Carregamento dinâmico de módulos.
- Modo de recuperação.
- Menus personalizados e temas.
- Carregar LiveCD a partir do disco rígido.
- Suporte a plataformas diferentes da x86.
- Suporte a UEFI.
- Suporte a identificação por UUID.

Para o usuário final, não há diferenças entre o GRUB 2 e o GRUB Legacy. O menu de boot ainda é muito parecido, e atualizações de kernel são incluídas automaticamente. Já o administrador do sistema precisa ficar atento a algumas diferenças importantes:

- Ausência do arquivo /boot/grub/menu.lst, substituído por /boot/grub/grub.cfg (em alguns casos, pode estar em /etc/grub2/). Este, por sua vez, é gerado automaticamente e não deve ser editado diretamente.
- O comando do GRUB find boot/grub/stage1 não existe mais. O estágio 1.5 foi eliminado.
- No GRUB 2, o principal arquivo de configuração para modificar do menu de boot é o /etc/default/grub.
- Configurações avançadas são definidas em arquivos separados localizados no diretório /etc/grub.d/.
- A numeração das partições inicia a partir de 1, e não mais de 0.

O comando grub-install é utilizado para instalar o GRUB como gerenciador de boot. A maneira como é utilizado depende de qual padrão é utilizado pela máquina, BIOS ou UEFI. Em sistemas que usam BIOS, o GRUB é instalado no dispositivo /dev/sda com o seguinte comando:

```
# grub-install /dev/sda
```

Caso o sistema adote o UEFI, a instalação deve ser feita com o seguinte comando:

```
# grub-install --efi-directory=/boot/efi --bootloader-id=Linux
```

Nesse caso, no lugar de instalar o bootloader na MBR do dispositivo, será criada uma entrada de boot na NVRAM do UEFI com o nome *Linux*. O comando efibootmgr deve estar instalado para executar essa operação. Também é necessário indicar o diretório onde a partição *ESP* está montada, pois é nela que o GRUB instalará o bootloader indicado pela entrada em questão. No exemplo, o diretório /boot/efi é onde a partição ESP está montada.

Após instalado, o GRUB lê o arquivo de configuração /boot/grub/grub.cfg em todo boot. Alterações feitas nesse arquivo terão impacto no próximo boot sem a necessidade de reinstalar o GRUB.

Configurações

A edição manual do arquivo /boot/grub/grub.cfg não costuma ser necessária, mas pode ser conveniente para gerar configurações especiais. Uma nova entrada no menu do GRUB, por exemplo, pode ser criada com uma seção *menuentry*. Uma entrada simples, chamada *Linux personalizado*, pode ser criada com o seguinte formato:

```
menuentry "Linux personalizado" {
  linux /boot/vmlinuz root=/dev/sda2 rw
  initrd /boot/initramfs.img
}
```

Essa entrada *menuentry* de exemplo conta com apenas dois comandos do GRUB: *linux* e *initrd*. O comando *linux* é obrigatório e serve para indicar o caminho para o kernel e seus parâmetros, principalmente a partição raiz do sistema. O comando *initrd* indica a imagem initrd e não é obrigatório, mas precisa ser utilizado para praticamente todos os sistemas atuais. Outros comandos possíveis são indicados a seguir:

`chainloader`

Carrega um bootloader alternativo. Em sistemas UEFI, pode executar um aplicativo EFI.

`cryptomount`

Abre uma partição criptografada, que fica disponível para o GRUB.

`source`

Executa o conteúdo de outro arquivo de configuração dentro do mesmo ambiente do GRUB.

`insmod`

Determina o carregamento de um módulo do GRUB. Os módulos do GRUB são armazenados em um diretório correspondente à arquitetura da máquina, dentro do diretório /boot/grub/. Os módulos oferecem recursos extras ao GRUB, como permitir acesso a um dispositivo que contém arquivos necessários. Exemplos de arquivos de módulos são lvm.mod, ntfs.mod, btrfs.mod, entre outros. Essa entrada não costuma ser necessária, haja vista que os módulos são carregados automaticamente.

As alterações mais comuns na configuração do GRUB 2 costumam ser feitas no arquivo /etc/default/grub. É a partir desse arquivo que será gerado o arquivo /boot/grub/

grub.cfg, que em vários aspectos corresponderia ao antigo menu.lst. O propósito do /etc/default/grub é tornar a edição mais simples e afastar as configurações internas do grub para o arquivo /boot/grub/grub.cfg.

Mesmo após atualizações de kernel, a tendência é a de que esse arquivo permaneça inalterado. Seu conteúdo não está vinculado a nenhum kernel específico, como é o caso na distribuição *Ubuntu*:

```
GRUB_DEFAULT=0
GRUB_HIDDEN_TIMEOUT=0
GRUB_HIDDEN_TIMEOUT_QUIET=t rue
GRUB_TIMEOUT=10
GRUB_DISTRIBUTOR=`lsb_release -i -s 2> /dev/null || echo Debian`
GRUB_CMDLINE_LINUX_DEFAULT="quiet splash"
GRUB_CMDLINE_LINUX=""
```

Para outras distribuições, como a *Fedora*, poucas diferenças podem ser notadas:

```
GRUB_TIMEOUT=6
GRUB_DISTRIBUTOR="Fedora"
GRUB_DEFAULT=saved
GRUB_CMDLINE_LINUX="LANG=pt_BR.UTF-8 quiet KEYTABLE=br-abnt2"
```

O arquivo trata de definições gerais, aplicáveis ao comportamento do menu de boot e aos kernels em geral. A seguir estão listadas as principais definições do arquivo /etc/grub/default:

GRUB_DEFAULT

O sistema iniciado por padrão. Pode ser a ordem numérica (começando por 0), o nome como definido no arquivo grub.cfg, ou saved, para utilizar sempre a última escolha.

GRUB_SAVEDEFAULT

Se definido como true e a opção GRUB_DEFAULT for saved, a último item escolhido será utilizado como padrão.

GRUB_HIDDEN_TIMEOUT

Quantos segundos aguardar sem exibir o menu do grub. Durante esse período, o menu só aparecerá ao se pressionar uma tecla.

GRUB_HIDDEN_TIMEOUT_QUIET

Se true, não será exibido um contador mostrando o tempo restante para chamar o menu.

GRUB_TIMEOUT

Tempo em segundos para exibição do menu do GRUB. Se o valor for -1, o menu será exibido até que o usuário faça uma escolha.

GRUB_DISTRIBUTOR

Nome descritivo para o item.

GRUB_CMDLINE_LINUX

Linha de parâmetros para o kernel (*cmdline*). Nessa opção os parâmetros serão utilizados tanto para o modo normal quanto para o modo de recuperação.

GRUB_CMDLINE_LINUX_DEFAULT

Linha de parâmetros para o kernel (*cmdline*). Nessa opção os parâmetros serão utilizados apenas para o modo normal.

GRUB_DISABLE_LINUX_UUID

Se true, não localizar dispositivos por UUID.

GRUB GFXMODE

Resolução da tela para o menu do grub e subsequente inicialização, por exemplo, 1024x768. A profundidade de cor também pode ser especificada no formato 1024x768x16, 1024x764x24 etc. Dependendo do tipo de vídeo e monitor, nem todas as resoluções podem ser usadas. Para contornar esse problema, uma lista de resoluções separadas por vírgula pode ser especificada. Caso uma resolução não possa ser utilizada, a seguinte será utilizada até que uma delas funcione corretamente.

GRUB_DISABLE_LINUX_RECOVERY

Se true, não exibe a opção para recuperação do sistema.

GRUB_INIT_TUNE

Tocar um som no speaker interno antes de exibir o menu do GRUB. O formato é *tempo hertz duração*, onde *tempo* corresponde às batidas por minuto (60/tempo), *hertz* à frequência do som, seguido de sua *duração* (em unidades de *tempo*). O tempo é definido apenas uma vez, mas podem haver mais de um par de hertz seguidos de duração.

GRUB_DISABLE_OS_PROBER

Descarta a busca automática por outros sistemas operacionais.

Após alterar o arquivo /etc/default/grub, o arquivo de configuração principal grub.cfg deve ser gerado novamente. Se o comando update-grub não estiver disponível, é utilizado grub-mkconfig -o /boot/grub/grub.cfg ou grub2-mkconfig -o /boot/grub2/grub.cfg, conforme for apropriado.

Recuperação do boot

Uma configuração incorreta do GRUB pode fazer com que o sistema não possa mais ser iniciado. Para situações como essa, o shell do GRUB pode ser utilizado para configurar manualmente o carregamento do sistema. Quando identifica um problema, o GRUB apresenta o prompt grub>, onde é possível executar comandos de inspeção e carregamento manual.

Se o kernel e a imagem initrd estão na raiz do sistema de arquivos da partição /dev/sda2, então sua localização correspondente no GRUB é (hd1,2). Considerando que a partição raiz seja /dev/sda4, será possível carregar o sistema a partir do shell do GRUB com a seguinte sequência de comandos:

```
linux (hd1,2)/vmlinuz root=/dev/sda4
initrd (hd1,2)/initramfs.img
boot
```

Caso não haja certeza sobre a localização e o nome completo dos arquivos necessários, pressionar a tecla **Tab** expandirá os nomes de arquivos e diretórios encontrados a partir da especificação do dispositivo. No caso do exemplo, pressionar a tecla Tab logo após (hd1,2) expande os nomes de arquivos e diretórios encontrados no sistema de arquivos da partição /dev/sda2. Se o sistema usa UEFI, os comandos utilizados no lugar de linux e initrd devem ser, respectivamente, linuxefi e initrdefi.

Mesmo que não exista um carregador de boot apropriado instalado no MBR ou exista alguma falha que prejudique seu funcionamento, é possível iniciar o sistema utilizando uma mídia alternativa, como um *Live CD* de distribuição ou um pendrive preparado para isso.

A maioria das distribuições Linux fornece CDs ou DVDs de inicialização para instalação do sistema. Essas mídias podem ser usadas para acessar e inicializar um sistema já instalado e que possa estar inacessível por uma eventual falha do carregador de inicialização. Após realizar o boot com uma mídia alternativa, os arquivos de configuração do sistema estarão acessíveis e poderão ser alterados para corrigir possíveis problemas.

Boa prática é fazer uma cópia da MBR, para restaurá-la no caso de ser sobrescrita por outro sistema operacional.

Para fazer uma cópia da MBR, basta copiar os primeiros 512 bytes do disco com o comando dd:

```
`dd if=/dev/hda of=mbr.backup bs=512 count=1`.
```

Essa cópia pode ser guardada e depois restaurada para a MBR com o comando dd if=mbr.backup of=/dev/hda.

102.3 Controle das bibliotecas compartilhadas

Peso 1

Funções comuns e compartilhadas por diferentes programas são armazenadas em arquivos chamados bibliotecas. Ao rodar um programa, é necessário que as bibliotecas vinculadas possam ser localizadas pelo sistema. Só assim será possível vincular o programa e as funções nas bibliotecas.

O vínculo pode ser estático ou dinâmico, ou seja, as funções de uma biblioteca poderão estar embutidas no programa compilado ou apenas mapeadas para a biblioteca externa. Programas estáticos não dependem de arquivos externos, porém são maiores que programas dinâmicos.

Identificar bibliotecas compartilhadas

Para conhecer as bibliotecas necessárias a um programa é utilizado o comando `ldd`:

```
# ldd /usr/bin/vi
        linux-gate.so.1 =>  (0xb77f2000)
        libselinux.so.1 => /lib/libselinux.so.1 (0x4ad04000)
        libtinfo.so.5 => /lib/libtinfo.so.5 (0x4badd000)
        libacl.so.1 => /lib/libacl.so.1 (0x4ca36000)
        libc.so.6 => /lib/libc.so.6 (0x4aa4d000)
        libdl.so.2 => /lib/libdl.so.2 (0x4ac2a000)
        libpcre.so.1 => /lib/libpcre.so.1 (0x4ac9a000)
        libpthread.so.0 => /lib/libpthread.so.0 (0x4ac0e000)
        /lib/ld-linux.so.2 (0x4aa2a000)
        libattr.so.1 => /lib/libattr.so.1 (0x4c5fd000)
```

O programa *vi*, o editor de textos padrão do Linux, requer poucas bibliotecas. Na saída mostrada, todas as bibliotecas foram localizadas com sucesso. Portanto, o programa carregará corretamente.

Se copiarmos esse mesmo programa de outra distribuição, onde fora compilado com outras bibliotecas, o programa poderá não funcionar corretamente, pois aquelas bibliotecas de que precisa podem não estar presentes:

```
# ldd ./vi
        linux-gate.so.1 =>  (0xf77ee000)
        libselinux.so.1 => /lib/libselinux.so.1 (0x43d70000)
        libtinfo.so.5 => /lib/libtinfo.so.5 (0x43d06000)
        libacl.so.1 => not found
        libc.so.6 => /lib/libc.so.6 (0x43745000)
        libdl.so.2 => /lib/libdl.so.2 (0x43cd0000)
        libpcre.so.1 => /lib/libpcre.so.1 (0x43bec000)
```

```
libpthread.so.0 => /lib/libpthread.so.0 (0x43d54000)
/lib/ld-linux.so.2 (0x43722000)
```

Podemos identificar que não foi possível localizar uma das bibliotecas, libacl.so.1, portanto, o programa não funcionará corretamente ou simplesmente não poderá ser executado. A melhor solução para esses casos é instalar o programa apropriado para a distribuição utilizada, mas pode haver casos em que a instalação manual de cada biblioteca seja necessária.

Localização das bibliotecas

O programa responsável por carregar a biblioteca e ligá-la ao programa que dela depende é o ld.so, que é invocado por um programa toda vez que este necessita de uma função localizada em uma biblioteca externa.

O ld.so consegue localizar a biblioteca em questão com o auxílio do mapeamento encontrado no arquivo /etc/ld.so.cache. As localidades padrão de bibliotecas de sistema são os diretórios /lib/ e /usr/lib/, em sistemas de 32 bits, e os diretórios /usr/lib64/ e /lib64/, em sistemas de 64 bits. Diretórios contendo bibliotecas adicionais devem ser incluídos no arquivo /etc/ld.so.conf. Há distribuições que têm o diretório /etc/ld.so.conf.d/, que pode ter outros arquivos com localizações de bibliotecas.

A execução do comando ldconfig é fundamental para que as alterações em /etc/ld.so.conf atualizem o /etc/ld.so.cache, que por sua vez possa ser utilizado pelo ld.so.

Outra maneira de deixar uma localização de biblioteca ao alcance do ld.so é adicionar seu respectivo caminho à variável de ambiente LD_LIBRARY_PATH, com o comando export LD_LIBRARY_PATH=caminho_da_biblioteca. Esse método, porém, garante apenas o acesso temporário do ld.so ao diretório em questão. Não funcionará fora do escopo da variável de ambiente ou quando a variável deixar de existir, mas é um método útil para usuários que não podem alterar o /etc/ld.so.conf ou para a execução pontual de programas.

102.4 Utilização do sistema de pacotes Debian

Peso 3

O sistema de pacotes Debian é o sistema de gerenciamento de pacotes adotado por diversas distribuições, como *Ubuntu* e *Linux Mint*. Ele torna possível a instalação de praticamente todos os programas disponíveis para Linux sem que o usuário precise se preocupar com bibliotecas ou com outros programas necessários.

Cada pacote de programa, com o sufixo *.deb*, traz internamente as informações sobre todos os programas e bibliotecas dos quais depende.

As principais ferramentas de administração de pacotes *.deb* são:

`dpkg`

Comando para instalação de pacotes individuais.

`apt-get`

Busca um pacote em repositórios remotos e o instala, assim como suas dependências.

`apt`

Alternativa ao `apt-get`. Agrega funções extras e recursos visuais.

Instalação, remoção e atualização de pacotes

O grande trunfo de utilizar um sistema de gerenciamento de pacotes é a possibilidade de resolver dependências, ou seja, se o pacote a ser instalado necessitar de outros programas ou bibliotecas ausentes no sistema, estas poderão ser automaticamente baixadas e instaladas.

Repositórios

Para usufruir da resolução automática de dependências, é necessário discriminar corretamente a origem dos pacotes, que deve ser apropriada para a sua distribuição. Essas origens são determinadas pelo arquivo `/etc/apt/sources.list` e, em alguns casos, em arquivos adicionais no diretório `/etc/apt/sources.list.d/`.

Cada linha do arquivo `/etc/apt/sources.list` determina um repositório. Por exemplo, a linha `deb http://ftp.br.debian.org/debian/ wheezy main contrib non-free` especifica o repositório *deb* da distribuição *Debian* em um servidor no Brasil. O termo *wheezy* identifica a versão da distribuição, e os três últimos termos — *main*, *contrib*, *non-free* — determinam a categoria dos pacotes que estarão disponíveis.

Atualização dos repositórios

Para que as informações sobre as novas versões de programas sejam encontradas, é necessário manter atualizada a base de informações locais sobre os repositórios remotos. Isso é feito com o comando `apt-get update` ou `apt update`. É conveniente programar a execução periódica de um desses comandos para evitar a perda de atualizações importantes.

Cada distribuição tem repositórios próprios, oficiais e não oficiais. Depois de alterar o arquivo `/etc/apt/sources.list`, é necessário executar o comando `apt-get update` ou `apt update` para que as informações dos pacotes e dependências oferecidas por cada repositório sejam copiadas e atualizados localmente.

Instalação

Para procurar por programas, pode ser utilizado o comando apt-cache search nome_do_programa ou apt search nome_do_programa. Não é necessário indicar o nome exato do programa, pois qualquer termo que ocorra na descrição do pacote também será consultado.

Se nenhum resultado aparecer, é possível que os índices não tenham sido atualizados com o apt-get update ou que o programa procurado não exista nos repositórios indicados em /etc/apt/sources.list.

A instalação pode ser feita com apt-get install nome_do_programa ou apt install nome_do_programa. Caso haja pendências, será solicitada a permissão para a instalação destas. Se autorizado, as dependências ausentes serão automaticamente copiadas e instaladas.

Para instalar pacotes copiados separadamente, sem recorrer aos repositórios, é usado o programa dpkg:

```
# dpkg -i virtualbox-4.3_4.3.0-89960~Debian~wheezy_amd64.deb
```

Caso a instalação não ocorra devido a dependências não satisfeitas, o comando apt-get install -f instalará as dependências necessárias e completará a instalação pendente do pacote.

Em alguns casos, a instalação de um pacote também apresentará um assistente de configuração. Caso seja necessário reconfigurar o pacote novamente, utiliza-se o comando dpkg-reconfigure:

```
# dpkg-reconfigure virtualbox-4.3_4.3.0-89960~Debian~wheezy_amd64.deb
```

O comando dpkg-reconfigure também pode ser utilizado para reconfigurar programas instalados automaticamente ou manualmente com o apt-get ou apt, bastando fornecer o nome do pacote como argumento. Para reconfigurar o fuso horário do sistema, por exemplo, basta reconfigurar o pacote *tzdata* com o comando dpkg-reconfigure tzdata.

Remoção

A remoção de programas é feita pelo próprio apt-get. O comando apt-get remove nome_do_programa desinstala o programa. De forma semelhante, os comandos apt remove nome_do_programa e dpkg -r nome_do_programa produzem o mesmo resultado. Nesses casos, os arquivos de configuração do programa são mantidos para utilização futura, caso o programa seja reinstalado. Para remover o pacote e também os arquivos de configuração relacionados, é utilizado o comando apt-get remove --purge nome_do_pacote.

Atualização de programas

Atualizar pacotes é tão ou mais simples do que instalá-los. Para atualizar um programa para sua última versão disponível nos repositórios é usado o comando `apt-get upgrade nome_do_pacote`.

Para realizar uma atualização completa de todos os pacotes que têm novas versões no repositório, basta utilizar o comando `apt-get upgrade` ou `apt safe-upgrade`. O comando `apt-get dist-upgrade` atualizará todos os pacotes e substituirá aqueles que eventualmente tenham se tornado obsoletos.

Inspeção de pacotes

Além de proporcionar grande facilidade para instalar, remover e desinstalar programas, o sistema de pacotes do Debian permite fazer diversos tipos de inspeção nos pacotes. Alguns dos recursos mais importantes oferecidos pelo comando `dpkg` são listados a seguir:

`dpkg -l nome_do_pacote`

Mostra o estado do pacote, se está instalado e se há algum problema na instalação.

`dpkg -S nome_do_arquivo`

Procura qual pacote instalou o arquivo especificado.

`dpkg -L nome_do_pacote`

Lista os arquivos instalados pelo pacote especificado.

`dpkg --contents pacote.deb`

Lista o conteúdo do pacote especificado.

O comando `apt-cache show nome_do_pacote` (ou `apt show nome_do_pacote`) mostra detalhes a respeito do pacote indicado, mesmo que não esteja instalado. É possível verificar, por exemplo, a versão do pacote, suas dependências e a descrição de sua finalidade.

102.5 Utilização do sistema de pacotes RPM e YUM

Peso 3

O *Red Hat Package Manager* tem esse nome pois foi originalmente desenvolvido pela distribuição *Red Hat*. Mais conhecido pela sigla **RPM**, o sistema de pacotes também é usado em distribuições como *Fedora*, *CentOS*, *openSUSE*, entre outras.

O principal comando de administração de pacotes é o `rpm`. Sua aplicação é semelhante à do `dpkg` no sistema de pacotes Debian, que é instalar pacotes individualmente.

Por exemplo, um pacote *.rpm* pode ser instalado simplesmente invocando-se o comando `rpm -ivh nome_do_pacote.rpm`. A opção `-i` determina a instalação do pacote, e as opções `-v` e `-h` são utilizadas para exibir o progresso da instalação.

A opção `-i` coloca o `rpm` no modo de instalação. As opções `-i` e `-h` são chamadas*subopções* do modo escolhido. O `rpm` tem outros modos de operação, e muitas dassubopções são compartilhadas entre os modos, enquanto outras são exclusivas de um modo específico. A seguir são listadas algumas ações importantes realizadas pelo `rpm`:

`-i ou --install`

Instala um pacote.

`-U ou --update`

Atualiza ou instala um pacote.

`-F ou --freshen`

Atualiza um pacote apenas se já estiver instalado.

`-V ou --verify`

Verifica os arquivos criados pela instalação de um pacote, exibindo informações de tamanho, data, soma MD5 etc.

`-e ou --erase`

Desinstala um pacote.

`-q ou --query`

Inspeciona pacotes e arquivos.

O comando `rpm` conta com muitassubopções que regulam diferentes aspectos de seu comportamento. Em particular, a inspeção de pacotes e arquivos com a opção `--query` ou `-q` conta com diversassubopções que determinam quais aspectos serão verificados. A seguir, alguns exemplos dassubopções de inspeção:

`rpm -qa ou rpm --query --all`

Consulta todos os pacotes instalados.

`rpm -qc nome_do_pacote ou rpm --query --configfiles nome_do_pacote`

Lista os arquivos de configuração do pacote.

`rpm -qd nome_do_pacote ou rpm --query --docfiles nome_do_pacote`

Lista os arquivos de documentação do pacote.

`rpm -qf caminho_do_arquivo ou rpm --query --file caminho_do_arquivo`

Informa qual pacote instalou o arquivo indicado.

`rpm -qi nome_do_pacote ou rpm --query --info nome_do_pacote`

Exibe informações do pacote, como o nome completo, versão e descrição.

`rpm -ql nome_do_pacote ou rpm --query --list nome_do_pacote`

Lista os arquivo contidos no pacote.

`rpm -qp pacote.rpm ou rpm --query --package pacote.rpm`

Faz a inspeção em um arquivo de pacote não instalado. Pode ser indicado um caminho remoto para o pacote.

`rpm -qR nome_do_pacote ou rpm --query --requires nome_do_pacote`

Mostra quais os pacotes necessários (dependências) para o pacote indicado.

`rpm --query --whatrequires nome_do_pacote`

Lista quais programas dependem do pacote indicado.

As subopções podem ser combinadas para obter resultados mais específicos. Por exemplo, as opções `-p` e `-R` podem ser combinadas no comando `rpm -qpR pacote.rpm` para mostrar as dependências de um arquivo de pacote não instalado.

Por padrão, um pacote será instalado somente se suas dependências puderem ser satisfeitas. Em situações específicas, pode ser necessário instalar um pacote com conflitos de dependências. Isso pode ser feito com as opções `--nodeps` e `--force`. Esse procedimento pode causar resultados indesejados, por isso é recomendável utilizar a opção `--test` nesses casos. A opção `--test` exibe qual será o resultado da instalação, mas não procede com a instalação de fato.

Conversão e extração

Uma das formas de listar o conteúdo de um pacote RPM é utilizar o comando `rpm2cpio`. Esse comando simplesmente mostra na saída padrão o conteúdo do arquivo RPM no formato *cpio*. Dessa forma, é possível listar todo o conteúdo de um arquivo ou mesmo extrair algum arquivo específico.

O comando cpio

O comando `cpio` serve para agregar e extrair arquivos de dentro de um arquivo agregado, mas também pode ser usado simplesmente para copiar arquivos. Sua finalidade é semelhante à do comando `tar`, podendo inclusive ler e escrever nesse formato.

Por exemplo, para listar o conteúdo do pacote `VirtualBox-4.3-4.3.0_89960_fedora18-1.x86_64.rpm`, utiliza-se:

```
# rpm2cpio VirtualBox-4.3-4.3.0_89960_fedora18-1.x86_64.rpm | cpio -t
./etc/rc.d/init.d/vboxautostart-service
./etc/rc.d/init.d/vboxballoonctrl-service
./etc/rc.d/init.d/vboxdrv
./etc/rc.d/init.d/vboxweb-service
./etc/vbox
./usr/bin/VBox
./usr/bin/VBoxAutostart
```

```
./usr/bin/VBoxBalloonCtrl
./usr/bin/VBoxHeadless
./usr/bin/VBoxManage
(...)
```

Para extrair um ou mais arquivos específicos de dentro de um pacote RPM, utilizam-se as opções -i e -d. A opção -i determina a extração, a opção -d obriga a criação da árvore de diretório como contida no pacote RPM, e a opção -v informa o progresso da operação:

```
# rpm2cpio VirtualBox-4.3-4.3.0_89960_fedora18-1.x86_64.rpm | cpio -idv '*pdf'
./usr/share/doc/VirtualBox-4.3-4.3.0_89960_fedora18/UserManual.pdf
300767 blocks
```

Com esse comando, todo arquivo PDF contido no pacote será extraído para dentro da árvore de diretórios correspondente. No caso do pacote VirtualBox-4.3-4.3.0_89960_fedora18-1.x86_64.rpm, o único arquivo PDF encontrado, UserManual.pdf, foi extraído para sua pasta correspondente dentro da pasta onde o comando foi executado.

Assinatura de pacotes

Para garantir a autenticidade de cada pacote, é possível verificar sua assinatura, fornecida pela distribuição responsável pela sua criação e manutenção.

Se a distribuição for a Fedora, por exemplo, as chaves são incorporadas ao banco de dados do rpm com o comando rpm --import /usr/share/rhn/RPM-GPG-KEY-FEDORA. Dessa forma, todo pacote copiado do servidor Fedora pode ser verificado com rpm --checksig nome_do_pacote.

A integridade do pacote instalado pode ser verificada com a opção -V. A opção -Va verifica todos os pacotes instalados. A análise é feita tendo como referência os arquivos originais do pacote.

A saída dessa análise pode ser bastante intensa, na qual cada caractere tem um significado específico, listados a seguir:

. (ponto)

Teste bem-sucedido.

?

O teste não pôde ser realizado.

M

A permissão ou o tipo do arquivo mudou.

5

A soma MD5 do arquivo é diferente.

D

O dispositivo foi modificado.

L

O link simbólico foi modificado.

U

O dono do arquivo mudou.

G

O grupo do arquivo mudou.

T

A data do arquivo mudou.

Se nenhum arquivo do pacote foi modificado em relação à versão original, nenhuma saída será exibida.

O gerenciador YUM

O comando yum é semelhante ao comando apt-get do Debian. Ele é capaz de instalar um programa a partir da internet e automaticamente identificar e instalar as dependências desse programa.

Em seu arquivo de configuração, /etc/yum.conf, são definidos diversos comportamentos do programa. Algumas opções padrão desse arquivo são:

cachedir

Diretório de armazenamento dos pacotes e demais arquivos de dados. O padrão é /var/cache/yum.

keepcache

Valor 1 ou 0. Determina se o yum deve manter os pacotes e arquivos relacionados após uma instalação bem-sucedida. O padrão é 1 (manter arquivos).

reposdir

Lista de diretórios onde o yum procurará arquivos .repo, que definem os repositórios. O padrão é /etc/yum.repos.d. Cada arquivo dentro desses diretórios deve conter pelo menos um nome indicado entre colchetes, como [repositório], que define o repositório a ser usado. Esses repositórios são utilizados junto àqueles eventualmente definidos no próprio arquivo /etc/yum.conf.

debuglevel

Nível das mensagens de aviso. Níveis úteis vão de 0 a 10. O padrão é 2.

errorlevel

Nível das mensagens de erro. Níveis úteis vão de 0 a 10. O padrão é 2.

logfile

Caminho completo para o arquivo de log do yum.

`gpgcheck`

Valor 1 ou 0. Determina se o yum deve ou não fazer a verificação de assinatura GPG dos pacotes.

Os arquivos .repo definem os repositórios e opções específicas a cada um deles. Essencialmente, eles devem conter ao menos uma seção [repositório], com o seguinte formato:

```
[Identificador]
name=Nome descritivo do repositório
baseurl=url://caminho/para/o/reposiório/
```

Esses são os elementos essenciais de uma definição de repositório. Cada entrada representa:

`[Identificador]`

Termo único que identifica cada repositório.

`name`

Texto de descrição do repositório.

`baseurl`

URL para o diretório onde o diretório "repodata" do yum está. Pode ser uma URL *http://*, *ftp://* ou *file://*, e mais de uma URL pode ser especificada na mesma entrada *baseurl*. Variáveis como **$basearch** e **$releasever** podem ser utilizadas nas URLs para indicar as especificações do sistema instalado.

Algumas opções podem ser aplicadas para cada repositório individualmente:

`enabled`

Valor 1 ou 0. Determina se o repositório deve ser usado.

`gpgcheck`

Valor 1 ou 0. Determina se deve ser feita a verificação GPG para os pacotes desse repositório.

O comando yum agrega as funções de instalação, atualização e remoção de pacotes. Os comandos mais comuns do yum são:

`yum search pacote`

Localiza determinado pacote ou pacote contendo o termo procurado.

`yum install pacote`

Instala o pacote indicado.

`yum groupinstall grupo`

Instala o grupo de pacotes indicado. Um grupo de pacotes agrega diversos pacotes utilizados para um propósito comum. Os pacotes disponíveis são listados com o comando **yum group list**.

`yum remove pacote ou yum erase pacote`

Desinstala o pacote.

`yum provides recurso ou yum whatprovides recurso`

Localiza qual pacote, instalado ou não, que fornece determinado recurso ou arquivo. Aceita caracteres coringa como o asterisco.

`yum update`

Sem nenhum outro argumento, atualiza todos os pacotes desatualizados que estiverem instalados. Com um nome de pacote como argumento, atualiza somente o pacote especificado.

`yum upgrade`

Mesma função da instrução update, mas pode ser utilizado para atualizar a distribuição para a versão mais atual.

O comando `yum update` com o argumento `--obsoletes` atua exatamente como o comando `yum upgrade`. A diferença é verificar ou não os pacotes obsoletos durante uma atualização, removendo-os caso necessário. Esse recurso deve ser utilizado com cautela, pois pode resultar na desinstalação de um programa que ainda é utilizado por outros programas ou usuários.

yumdownloader

Se a intenção é apenas baixar o pacote RPM do repositório sem instalá-lo, existe a alternativa do comando `yumdownloader`. Sua utilização é muito simples, bastando indicar o nome do pacote com argumento. Para copiar o código-fonte do pacote no lugar do programa compilado, basta fornecer a opção `--source`.

O `yum` não é o único comando utilizado para instalar pacotes RPM a partir dos repositórios. Versões mais recentes da distribuição Fedora passaram a utilizar o comando `dnf`, e na distribuição openSUSE pode ser utilizado o comando `zypper`. Esses comandos são muito semelhantes ao `yum`, pois compartilham as principais opções (*search*, *install*, *remove*) para administrar os pacotes.

102.6 Linux virtualizado

Peso: 1

Virtualização é a capacidade de executar simultaneamente mais de um sistema operacional em um mesmo computador. Esse recurso possibilita um melhor aproveitamento dos recursos de hardware em máquinas de grande porte. Mesmo que estejam rodando na mesma máquina, sistemas virtualizados são completamente independentes entre si e têm as mesmas finalidades e modos de utilização de um sistema tradicional não virtualizado. Os dois principais métodos de virtualização usando Linux são o **KVM** e o **LXC**.

O KVM, sigla de *Kernel-based Virtual Machine*, implementa o conceito de *máquina virtual*, também chamado *hypervisor*. Nesse método, o sistema que executa as máquinas virtuais (chamado sistema *host* ou anfitrião) cria um ambiente de hardware virtual que é utilizado pelo sistema virtualizado (chamado sistema *guest* ou convidado). O sistema convidado é instalado e executado exatamente como em uma máquina real, tendo o próprio kernel e demais componentes do sistema. Esse método permite instalar sistemas operacionais diferentes daquele utilizado pelo anfitrião. Por exemplo, é possível instalar um sistema convidado *Windows* em um anfitrião Linux.

O LXC, também chamado *Linux Containers*, implementa o conceito de virtualização no nível do sistema operacional. O kernel do sistema anfitrião também fica responsável por controlar os processos e o acesso ao hardware do sistema convidado, chamado *contêiner*, mas os processos do contêiner ficam isolados dos processos do anfitrião e demais contêineres controlados por ele. Essa abordagem oferece um melhor desempenho em relação ao KVM. Porém, o LXC só funciona se tanto o anfitrião quanto o contêiner forem sistemas Linux.

Outra vantagem do LXC é facilitar o empacotamento e a entrega de aplicações invasivas, que alteram muitos aspectos do sistema operacional ou são muito complicadas de instalar. O utilitário **Docker** permite instalar contêineres de aplicação de modo semelhante a um gerenciador de pacotes, porém mantendo todos os processos e arquivos correspondentes ao aplicativo em questão isolados do sistema operacional anfitrião.

As tecnologias de virtualização são empregadas sobretudo em serviços do tipo **IaaS**, sigla de *Infrastructure as a Service*, Infraestrutura como Serviço. Nessa modalidade de serviço, o provedor é responsável por oferecer o ambiente virtualizado e a conectividade de rede, cabendo ao contratante a administração do sistema operacional.

Além de permitir a seleção dos recursos disponíveis ao sistema virtualizado, como a quantidade de CPUs, quantidade de memória RAM e espaço de armazenamento, o provedor IaaS costuma oferecer um conjunto de imagens com sistemas operacionais pré-instalados. Os sistemas virtualizados também podem ser clonados com facilidade, evitando a repetição dos processos de instalação e configuração. No caso de sistemas virtualizados com LXC, é importante assegurar que o UUID D-Bus dos sistemas clonados sejam diferentes. O D-Bus é um sistema de comunicação inter-processos do Linux, e o UUID D-Bus, localizado no arquivo `/var/lib/dbus/machine-id`, deve ser único para cada instância do sistema operacional. A renovação do UUID D-Bus é feita automaticamente a cada reinício do sistema. Além disso, é importante substituir as chaves SSH dos sistemas clonados, de modo a assegurar que as chaves em cada sistema sejam exclusivas.

QUESTIONÁRIO

Tópico 102

Revise os temas abordados:

- Dimensionar partições de disco
- Instalar o gerenciador de inicialização
- Controle de bibliotecas compartilhadas
- Utilização do sistema de pacotes Debian
- Utilização do sistema de pacotes RPM e YUM
- Linux virtualizado

Para responder ao questionário, acesse

https://lcnsqr.com/@aifgk

Tópico 103:

Comandos GNU e Unix

Principais temas abordados:

- Interação com o Bash via linha de comando.
- Uso de comandos de filtragem de texto.
- Comandos de manipulação de arquivos e diretórios.
- Redirecionamentos e pipes.
- Monitoramento, manejo e alteração de prioridade de processos.
- Expressões regulares.
- Edição de textos como vi.

103.1 Trabalhar na linha de comando

Peso 4

A maneira tradicional de interagir com um computador com Linux, especialmente um servidor de rede, é usando a chamada *linha de comando*. A linha de comando apresenta o *prompt do shell* indicando que o sistema está pronto para receber instruções. Normalmente o *prompt* terminado com o caractere **$** indica que é um usuário comum que está utilizando o sistema. Quando terminado com o caractere #, indica tratar-se do usuário *root* (administrador do sistema).

O shell Bash

O *shell* é o ambiente que faz a intermediação entre o usuário e os programas do computador, como se fosse um ambiente de programação em tempo real para executar tarefas imediatas. O shell padrão na maioria das distribuições Linux é o **Bash** (*Bourne Again Shell*), ao qual os procedimentos aqui apresentados se referem.

Uma sessão do shell pode ser interativa ou não interativa. Uma sessão interativa é uma sessão convencional, em que o usuário executa os comandos diretamente no prompt do shell. Quando invocado para executar um arquivo de *script*, o shell executa uma nova sessão, dessa vez não interativa. Também é possível iniciar uma nova sessão interativa a partir da sessão atual do shell. Essa nova sessão, chamada *subshell*, pode ter características próprias e outras herdadas do shell original.

Além dos comandos oferecidos pelos demais programas instalados no computador, o Bash dispõe de diversos comandos internos. Alguns comandos internos importantes do shell são explicados a seguir:

`echo`

Replica um texto informado ou conteúdo de variável. Por exemplo, `echo $PATH` exibe o conteúdo da variável de ambiente `$PATH`.

`pwd`

Mostra o diretório atual, que também está contido na variável `$PWD`.

`set`

Define ou altera opções do shell ou dos parâmetros de posição. Por exemplo, `set -o noclobber` ou `set -C` impedirá que arquivos existentes sejam sobrescritos por redirecionamentos de saída. Os parâmetros de posição são as variáveis `$1`, `$2`, `$3` etc., que armazenam os argumentos de linha de comando que foram utilizados ao invocar a sessão do shell. Os parâmetros de posição são mais utilizados em scripts, mas podem ter seus valores alterados para a sessão atual do shell. Por exemplo, o comando `set -- a b c` atribuirá os valores *a*, *b* e *c* para as variáveis *$1*, *$2* e *$3*, respectivamente.

`unset`

Remove valores e atributos de uma variável de sessão ou de uma função do shell.

`env`

Sem argumentos, exibe as variáveis de ambiente e seus conteúdos. Pode executar um comando com variável de ambiente modificada. Por exemplo, `env LANG=C date` executa o comando `date` alterando o valor da variável de ambiente `LANG` para *C*. O escopo da alteração compreende somente a instância do comando executado.

`export`

Define uma variável de ambiente para a sessão atual e para todas as sessões iniciadas a partir dela. Por exemplo, `export PATH=$PATH:/usr/local/bin` redefine a variável `$PATH` para incluir o caminho `/usr/local/bin`. Também pode ser utilizado depois de ter o valor definido, como em `export PATH`.

`declare`

Define valores e atributos de um variável. Pode ser utilizado para alterar os atributos de uma variável que já está definida. Por exemplo, `declare -x PATH` tem o mesmo resultado de `export PATH`.

`exec`

Substitui o shell com o comando fornecido. Normalmente, o comando executado fica associado ao shell que o executou. O `exec` costuma ser utilizado em scripts do shell, quando se quer obter o status de saída de um comando executado dentro do script e não do subshell que rodou o script.

O comando interno `type` é utilizado para identificar se o comando é um programa binário convencional, um *alias* (apelido) para um comando ou se é um comando interno do shell. Por exemplo, o comando `man` não é um comando interno do shell:

```
$ type man
man é /usr/bin/man
```

Como demonstrado no exemplo, quando se trata de um comando convencional, o `type` exibe o caminho completo para o arquivo binário do comando. Esse é o mesmo resultado produzido pelo comando `which`, cuja única finalidade é exibir o caminho do arquivo binário do comando. Caso o comando informado ao `type` seja um comando interno do Bash, a saída produzida por ele será diferente:

```
$ type echo
echo é um comando interno do shell
```

O shell sempre interpreta a primeira palavra fornecida como um comando interno, como um programa convencional ou como um alias para um comando. Caso seja um programa convencional, o diretório onde o programa se encontra deve constar na variável de ambiente *PATH*. Um comando cuja localização não constar na variável PATH deve ser precedido de seu caminho *absoluto* ou *relativo*. Caminhos absolutos são aqueles iniciados pela barra do diretório raiz (/), e caminhos relativos são aqueles que tomam por referência o diretório atual. O ponto (.) refere-se ao diretório atual, e os dois pontos (..) referem-se ao diretório em um nível anterior, que contém o diretório atual.

Por exemplo, se um comando chamado `script.sh` estiver localizado no diretório atual, seu nome deve ser precedido por ./ para ser invocado: `./script.sh`. Se esse comando estiver localizado no diretório `/home/luciano/bin/script.sh` e o diretório atual for `/home/luciano/Documentos`, o comando `script.sh` poderá ser invocado pelo caminho absoluto `/home/luciano/bin/script.sh` ou pelo caminho relativo `../bin/script.sh`.

Variáveis

As variáveis usadas no shell são semelhantes às usadas em linguagens de programação. Uma variável é um nome que guarda um valor, que pode ser letras ou números. Nomes de variáveis são limitados a caracteres alfanuméricos, ou seja, podem conter letras e números, mas devem sempre começar com uma letra. A atribuição de um valor para uma variável é feita com o sinal de igual, onde o nome da variável fica à esquerda e o conteúdo da variável fica à direita:

```
$ lpi="Linux Professional Institute"
```

Não deve haver espaços antes ou depois do sinal de igual. Se houver espaços no conteúdo da variável, é importante utilizar as aspas duplas ou simples para não confundir o shell. O valor de uma variável pode ser exibido colocando-se o sinal `$` à frente do nome:

```
$ echo $lpi
Linux Professional Institute
```

Variáveis podem ser criadas por usuários comuns ou predefinidas pelo sistema operacional. Tanto as variáveis predefinidas quanto as variáveis definidas para a sessão atual podem ser utilizadas por programas para obter configurações importantes do sistema. Quando definidas em uma sessão interativa do shell, as variáveis também são chamadas de *variáveis de ambiente*. O próprio shell utiliza variáveis de ambiente para definir diversas de suas configurações.

Para suprimir uma variável de ambiente durante a execução de um comando específico, basta invocá-lo na forma `env -u VARIAVEL comando`. Para modificar seu conteúdo apenas para a execução do comando específico, pode ser invocado na forma `env VARIAVEL=valor comando`. Algumas das variáveis de ambiente definidas por padrão são:

LANG

Define o idioma e a codificação de caracteres utilizados no sistema.

DISPLAY

Determina em qual display do X o programa deve exibir suas janelas.

HISTFILE

Caminho para o histórico de comandos do usuário (geralmente $HOME/.bash_history).

USER

O nome do usuário executando a sessão do shell (o *username*).

HOME

Caminho para o diretório pessoal do usuário.

LOGNAME

O nome que o usuário usou para entrar no sistema.

PATH

Lista de diretórios nos quais programas serão procurados caso tenham sido solicitados sem seu caminho completo ou relativo.

PWD

O diretório atual.

SHELL

O shell utilizado (via de regra, /bin/bash).

TERM

O tipo de emulador de terminal utilizado. Seu conteúdo varia se é utilizado um terminal do X ou um console *tty*.

Algumas variáveis do Bash são reservadas e têm finalidades específicas. Essas variáveis são conhecidas como **parâmetros** e são divididas em dois grupos: **parâmetros especiais** e **parâmetros de posição.**

Os parâmetros especiais não podem ter seu valor alterado durante a sessão de shell correspondente. Sua utilização mais comum também é em scripts, mas também podem ser utilizados em sessões interativas. Os parâmetros especiais mais importantes do Bash são:

$* ou $@

Contêm todos os parâmetros de posição.

$#

A quantidade de parâmetros de posição.

$!

O ID de processo do último processo que foi para segundo plano.

$$

O ID de processo do shell atual.

$?

O status de saída do último comando executado. Retorna o valor 0 se o último comando foi bem-sucedido, caso contrário, retorna o valor 1.

$0

O nome do shell ou o do shell script atual.

Os parâmetros de posição são variáveis cujos nomes são indicados como dígitos a partir de 1: $1, $2, $3 etc. Para um parâmetro posterior a 9, devem ser utilizadas chaves, como em ${10}, ${11} etc. Os parâmetros de posição armazenam os argumentos de linha de comando que foram passados ao Bash para criar a sessão atual. Sua principal utilização é em arquivos de script, pois permitem recolher os argumentos passados como opções ao subshell que executa o script.

Atalhos e expansões do Bash

Muitas das tarefas na linha de comando podem ser agilizadas pelo uso de atalhos de teclado e expressões especiais. Um atalho útil a praticamente qualquer comando é pressionar a tecla **Tab** para completar o preenchimento de um comando, nome de arquivo ou diretório existente.

O diretório pessoal do usuário pode ser designado pelo caractere ~, que será automaticamente substituído pelo caminho para o diretório do usuário executando o comando. O diretório pessoal de outro usuário pode ser indicado precedendo o nome do usuário com o til. Por exemplo, o diretório pessoal do usuário *antonio* pode ser designado com *~antonio*.

Os comandos do shell podem ficar bastante longos e complexos. Como muitos comandos são recorrentes, o Bash armazena o histórico de todos os comandos digitados. Cada usuário tem seu próprio histórico, armazenado no arquivo ~/.bash_history. A maneira mais simples de utilizar o histórico de comando é pressionando-se a tecla *Acima* do teclado, que exibe sucessivamente os últimos comandos utilizados. O Bash também oferece outros atalhos de teclado mais sofisticados para utilizar o histórico:

Ctrl + r

Procura no histórico a partir do texto digitado em seguida.

Ctrl + g

Sai do modo de procura.

!!

Repete o último comando.

!$

Recupera o último argumento do último comando utilizado. Por exemplo, se o último comando utilizado foi ping 192.168.1.155, executar ssh !$ corresponde a ssh 192.168.1.155.

`Alt + .`

Semelhante ao atalho **!$**. Também recupera o último argumento do último comando, mas o insere na posição atual do cursor.

`!*`

Recupera todos os argumentos do comando anterior.

`^antes_depois`

Executa o comando anterior, substituindo a ocorrência do texto indicado por *antes* pelo texto indicado por *depois*.

Mesmo com a ajuda do histórico, alguns comandos são tão complexos, que demandam uma edição mais profunda. É possível editar a linha de comando com as teclas de movimentação, *backspace* e *delete*, mas o Bash oferece alguns atalhos extras para operações mais sofisticadas:

`Ctrl + a`

Ir para o início da linha.

`Ctrl + e`

Ir para o fim da linha.

`Alt + b`

Avançar o cursor em uma palavra.

`Alt + f`

Voltar o cursor em uma palavra.

`Alt + Backspace`

Apagar da posição do cursor até o início da palavra antes do cursor.

`Alt + d`

Apagar da posição do cursor até o fim da palavra após o cursor.

`ctrl + _`

Desfazer a ação anterior.

Quando o shell é utilizado a partir de um emulador de terminal no ambiente gráfico, é possível copiar os textos exibidos na linha de comando selecionando-os e pressionando **Ctrl** + **Shift** + **c**. Textos copiados de outros locais ou do próprio terminal podem ser colados pressionando-se **Ctrl** + **Shift** + **v**. O Bash também tem uma área de transferência própria, usada exclusivamente no ambiente do shell. Seus principais atalhos são:

`Ctrl + w`

Copia e apaga da posição do cursor até o início da palavra antes do cursor.

`Ctrl + k`

Copia e apaga da posição do cursor até o fim da linha.

`Ctrl + x ou Ctrl + u`

Copia e apaga da posição do cursor até o início da linha.

`ctrl + y`

Cola o último texto copiado na posição atual do cursor.

A sessão atual do shell pode ser encerrada com o comando `exit`. O encerramento também pode ser feito por meio do atalho **Ctrl + d**, que representa um caractere EOF (*End Of File*, fim de arquivo), interpretado pelo shell como fim da sessão.

O volume de detalhes a respeito do Bash e demais comandos Linux torna praticamente impossível a memorização de tudo. Por isso, é importante saber como consultar as referências de uso dessas ferramentas.

Ajuda, referência e manuais

As instruções de uso dos comandos internos do Bash são obtidas com o comando `help`. Por exemplo, as instruções completas de uso do comando `set` são obtidas com o comando `help set`.

Quando se tratam de comandos convencionais, convém executar o comando com a opção `-h` ou `--help`. Essa opção exibe um resumo da utilização que, via de regra, é suficiente. A opção `--help` do comando `uname`, por exemplo, fornece todas as informações necessárias para utilizar o comando:

```
$ uname --help
Uso: uname [OPÇÃO]...
Mostra certas informações sobre o sistema. Sem fornecer OPÇÃO, fica implícito
o uso de -s.

  -a, --all                emite todas as informações, na ordem a seguir,
                             exceto que omite -p e -i se desconhecidos:
  -s, --kernel-name        emite o nome do Kernel
  -n, --nodename           emite o nome do nó da máquina na rede
  -r, --kernel-release     emite a versão de lançamento do Kernel
  -v, --kernel-version     emite a data em que o Kernel foi criado
  -m, --machine            emite o nome do hardware da máquina (arquitetura)
  -p, --processor          emite o tipo do processador (não portável)
  -i, --hardware-platform  emite a plataforma de hardware (não portável)
  -o, --operating-system   emite o sistema operacional
      --help     mostra esta ajuda e sai
      --version  informa a versão e sai

Página de ajuda do GNU coreutils: <https://www.gnu.org/software/coreutils/>
Relate erros de tradução do uname: <https://translationproject.org/team/pt_BR.html>
Documentação completa em: <https://www.gnu.org/software/coreutils/uname>
ou disponível localmente via: info "(coreutils) uname invocation"
```

Caso as instruções fornecidas sejam insuficientes ou o comando sequer apresente a opção `--help`, ainda assim existem outros meios de conseguir informações pela linha de comando. Praticamente todos os comandos e arquivos de configuração no Linux acompanham um manual. Esse manual está acessível por intermédio do comando `man`, que demonstra em detalhes as funções do item em questão. Para ver um manual, basta usar o comando `man`, tendo o comando ou arquivo como argumento.

O comando `info`

O comando `info` é uma espécie de alternativa aos manuais `man`. Além do comando `man`, pode haver documentação disponível pelo `info`. Em geral, informações disponíveis em páginas *info* também estão disponíveis em páginas de manual, porém de forma menos detalhada. Por padrão, os arquivos desse tipo de documentação são armazenados em `/usr/share/info`.

Uma maneira de localizar os manuais de referência para um determinado programa ou arquivo de configuração é usar o comando `whatis`. O banco de dados do comando `whatis` armazena a descrição sucinta do programa, presente nos manuais do sistema. O banco de dados geralmente é atualizado por um agendamento de sistema, para coletar as informações de novos programas instalados. Para cada manual localizado, o `whatis` mostra uma breve descrição:

```
$ whatis man
man (1)              - an interface to the on-line reference manuals
man (7)              - macros to format man pages
```

Os números entre parênteses referem-se à seção à qual pertence o manual. As seções existentes são listadas a seguir:

Seção 1

Programas disponíveis ao usuário.

Seção 2

Funções de Sistema Unix e C.

Seção 3

Funções de bibliotecas da linguagem C.

Seção 4

Arquivos especiais (dispositivos em /dev).

Seção 5

Convenções e formatos de arquivos.

`Seção 6`

Jogos.

`Seção 7`

Diversos (macros textuais etc.).

`Seção 8`

Procedimentos administrativos (daemons, etc).

Para acessar um item em uma seção específica, o número da seção precede o nome do item. Por exemplo, acessar o manual de `printf` na seção número 3:

```
man 3 printf
```

Por padrão, os arquivos dos manuais são armazenadas em `/usr/man` e `/usr/share/man`, em subdiretórios correspondentes a cada seção. Outros locais podem ser especificados com a variável `MANPATH`.

O comando `apropos` pode ser utilizado quando não se tem certeza sobre o nome do comando a ser utilizado. Esse comando procura pelo termo informado como argumento em todas as descrições sucintas de páginas de manual, trazendo como resultado uma lista de todas as páginas de manual que tenham o termo correspondente.

Projetos GNU geralmente incluem documentação como guias e exemplos de utilização. Esses documentos não têm um formato universal, mas podem ser oferecidos em texto puro, documentos HTML ou PDF. Esses arquivos podem ser encontrados em `/usr/share/doc`, em diretórios correspondentes aos programas.

103.2 Processar fluxos de texto com o uso de filtros

Peso 3

Durante a atividade de administração de um sistema Linux, em muitos momentos é necessário trabalhar com conteúdos de arquivos de texto e arquivos binários, realizando tarefas de análise, extração e filtragem. Boa parte dessas tarefas é realizada com os comandos fornecidos pelo pacote *GNU Coreutils*. Os comandos mais comuns do GNU Coreutils são explicados a seguir.

`cat`

É usado para mostrar o conteúdo de arquivos. Pode atuar como um redirecionador, tomando todo o conteúdo direcionado para sua entrada padrão e enviando para sua saída padrão.

`tac`

Tem a mesma função do `cat`, mas mostra o conteúdo de trás para a frente.

`head`

Mostra o começo de arquivos. Por padrão, as primeiras dez linhas são mostradas. A quantidade de linhas a serem mostradas é indicada pela opção `-n`. A opção `-c` especifica o número de caracteres (*bytes*) a serem mostrados.

`tail`

Mostra o final de arquivos. Por padrão, as últimas dez linhas são exibidas. A quantidade de linhas a serem mostradas é indicada pela opção `-n`. A opção `-c` especifica o número de caracteres (bytes) a serem exibidos. Um argumento numérico precedido por + indica que a leitura deve ser feita a partir da linha especificada após o +.

Para que o final do arquivo seja mostrado continuamente, à medida que mais texto é adicionado, utiliza-se a opção `-f` (de *follow*).

`wc`

Conta linhas, palavras ou caracteres, a partir das opções `-l`, `-w` e `-c`, respectivamente. Quando usado sem argumentos, mostra esses três valores na mesma sequência.

`nl`

Numera linhas, como o comando `cat -b`. O argumento `-ba` faz numerar todas as linhas. O argumento `-bt` numera apenas as linhas que não estejam em branco.

`expand`

Substitui espaços de tabulação por espaços simples, mantendo a mesma distância aparente.

`unexpand`

Substitui dois ou mais espaços simples, em um texto, por espaços de tabulação (TABs).

`hexdump`

Mostra arquivos binários. A opção `-C` torna a saída mais legível, mostrando a coluna de endereço hexadecimal, seguida pela coluna dos dados do arquivo (valores hexadecimais sequenciais separados a cada dois bytes) e, por último, pela coluna que mostra esses mesmos bytes no formato ASCII.

`od`

Usado para converter entre diferentes formatos de dados, como hexadecimal e binário.

`split`

Divide um arquivo em outros menores, seguindo critérios como tamanho ou número de linhas. A opção `-l` indica o número de linhas de cada parte do arquivo dividido. A opção `-b` indica qual o tamanho de cada parte. Um prefixo para as partes pode ser indicado após o nome do arquivo a ser dividido.

Por exemplo, dividir um arquivo em partes de 1024 KB usando o prefixo "parte_":

```
split -b 1024k arquivo_original parte_
```

Esse comando criará arquivos chamados **parte_aa, parte_ab, parte_ac** etc. Para concatenar novamente o arquivo, pode ser utilizado o comando:

```
cat parte_* > arquivo_copia
```

Será criado um arquivo de conteúdo idêntico ao do arquivo original. Se o tamanho das partes não for informado, será utilizado o tamanho padrão de 1.000 linhas por parte.

`uniq`

Esse comando mostra o conteúdo de arquivos, suprimindo linhas sequenciais repetidas. Com a opção **-u**, mostra apenas as linhas que não se repetem.

`cut`

Filtra um arquivo em colunas, em determinado número de caracteres ou por posição de campo. Para separar por campo, a opção **-d** especifica o caractere delimitador e **-f** informa a posição do campo. Por exemplo, para mostrar os campos da posição 1 e 3 do arquivo **/etc/group**, que estão separados por ":":

```
$ cut -d ':' -f 1,3 /etc/group
root:0
daemon:1
bin:2
sys:3
adm:4
(...)
```

Para exibir outro delimitador no lugar do delimitador original, usa-se a opção **--output-delimiter**:

```
$ cut -d ':' -f 1,3 --output-delimiter ' = ' /etc/group
root = 0
daemon = 1
bin = 2
sys = 3
adm = 4
(...)
```

`paste`

Concatena arquivos lado a lado, na forma de colunas:

```
$ cat um.txt
1       a1      a2      a3
2       b1      b2      b3
3       c1      c2      c3

$ cat dois.txt
```

```
1       x1      x2      x3
2       y1      y2      y3
3       z1      z2      z3

$ paste um.txt dois.txt
1       a1      a2      a3      1       x1      x2      x3
2       b1      b2      b3      2       y1      y2      y3
3       c1      c2      c3      3       z1      z2      z3
```

join

Similar ao **paste**, mas trabalha especificando campos, no formato **join -1 CAMPO -2 CAMPO <arquivo um> <arquivo dois>**, onde *CAMPO* é o número indicando qual campo nos respectivos arquivos (primeiro e segundo) deve ser correlacionado. Por exemplo, relacionar as linhas de **um.txt** cujo primeiro campo (coluna 1) seja igual ao primeiro campo (também coluna 1) de **dois.txt**:

```
$ join -1 1 -2 1 um.txt dois.txt
1 a1 a2 a3 x1 x2 x3
2 b1 b2 b3 y1 y2 y3
3 c1 c2 c3 z1 z2 z3
```

A primeira coluna do resultado é o campo que foi relacionado, seguido das linhas correspondentes. É possível especificar quais campos mostrar, com a opção **-o**. Essa opção deve ser escrita no formato *N.M*, onde *N* é o número correspondente ao arquivo e *M* é o número correspondente ao campo (coluna) desse arquivo. O campo de relação também pode ser referido por 0. Por exemplo, fazer a mesma relação do exemplo anterior, mostrando apenas a segundo campo (coluna 2) de **um.txt** e também apenas o segundo campo (coluna 2) de **dois.txt**:

```
$ join -1 1 -2 1 -o '1.2 2.2' um.txt dois.txt
a1 x1
b1 y1
c1 z1
```

sort

Ordena alfabetica ou numericamente. Com a opção **-n**, ordena numericamente. A opção **-r** inverte o resultado.

fmt

Formata um texto para determinado número de caracteres por linha. O padrão é 75.

pr

Prepara um arquivo de texto para impressão. O padrão é 66 linhas por página, o que pode ser modificado com a opção **-l**. A opção **-W** permite definir o comprimento máximo em caracteres para as linhas. Porém, diferentemente do comando `fmt`, linhas mais longas não são quebradas, apenas cortadas.

`tr`

Converte caracteres. Diferente dos demais comandos abordados, em que os dados podem vir pela entrada padrão ou indicando um arquivo, o comando `tr` usa apenas a entrada padrão. Também é importante utilizar as aspas simples para evitar que o padrão de caracteres indicado seja interpretado pelo shell. Por exemplo, converter todas as letras maiúsculas para minúsculas:

```
$ echo LUCIANO@LCNSQR.COM | tr '[A-Z]' '[a-z]'
luciano@lcnsqr.com
```

O mesmo resultado é obtido utilizando-se classes de caracteres:

```
$ echo LUCIANO@LCNSQR.COM | tr '[:upper:]' '[:lower:]'
luciano@lcnsqr.com
```

Normalizar uma linha, trocando maiúsculas por minúsculas e espaços pelo caractere traço baixo:

```
$ echo "LiNhA CoM IrReGuLaRiDaDeS" | tr '[:upper:]' '[:lower:]' | tr '[:blank:]' '_'
linha_com_irregularidades
```

Sequências de caracteres podem ser reduzidas a apenas um deles utilizando-se o `tr` com a opção `-s`. Se, por exemplo, houver espaços consecutivos entre palavras no arquivo `texto.txt`, eles serão reduzidos a apenas um espaço entre cada palavra com o comando `tr -s ' ' < texto.txt`. O `tr` também pode ser utilizado para eliminar a ocorrência de caracteres, com a opção `-d`. Essa opção é útil, por exemplo, para converter as terminações de linha em arquivos de texto criados no Microsoft Windows. Por padrão, as linhas de texto em arquivos de texto criados no Windows terminam com os caracteres *Carriage Return* (CR) e *Line Feed* (LF), enquanto o Linux e demais sistemas Unix utilizam apenas o *Line Feed*. O `tr` pode realizar essa conversão:

```
tr -d '\r' < texto.txt > texto_convertido.txt
```

Dessa forma, qualquer ocorrência do caractere *Carriage Return*, indicado por `\r`, no arquivo `texto.txt` será ignorada, e o resultado será armazenado no arquivo `texto_convertido.txt`.

O paginador less

Se a necessidade for simplesmente a de ver um arquivo de texto, mas seu conteúdo for muito grande para ser visto na tela de uma só vez, basta utilizar um comando paginador. Existem duas opções para essa finalidade, o comando `more` e o comando `less`. O `more` é mais tradicional, mas não permite voltar à medida que se avança o texto. Já o `less` permite voltar e fazer buscas no texto. Para fazer buscas adiante no texto, pressiona-se a tecla **/** (barra). Para fazer buscas retroativas, basta pressionar a tecla do ponto de interrogação **?**. O `less` também pode acompanhar a inclusão de texto no arquivo, exatamente como faz o comando `tail -f`. Para isso, com o arquivo já aberto no `less`, basta pressionar as teclas **Shift** + **f**. Para voltar ao modo de leitura convencional, é utilizada a combinação **Ctrl** + **c**. Tanto o `less` quanto o `more` aceitam texto diretamente pela entrada padrão, ou pode ser fornecido o nome do arquivo como argumento. O `less` é compatível com a maioria dos atalhos de navegação do editor `vi`.

Soma de verificação (checksum)

Uma soma de verificação, soma de checagem ou *checksum* funciona como a impressão digital do conteúdo de um arquivo. Depois que uma soma de verificação é gerada, qualquer mínima alteração no conteúdo correspondente produz uma mudança drástica em um novo resultado da soma. É por isso que essas operações são utilizadas para verificação, pois qualquer alteração em seus resultados indica que o arquivo em questão foi adulterado em relação a sua forma original.

Existem diferentes formatos de somas de verificação. Quanto maior for o número de bits envolvidos na operação, maior será a garantia de inviolabilidade dos resultados. A seguir estão listados os principais comandos para efetuar somas de verificação no Linux.

`md5sum`

Emite ou confere somas de verificação MD5 (128 bits).

`sha256sum`

Emite ou confere somas de verificação SHA256 (256 bits).

`sha512sum`

Emite ou confere somas de verificação SHA512 (512 bits).

Esses três comandos aceitam a opção `-c`, que permite indicar um arquivo contendo as somas dos arquivos que se quer verificar. Esse recurso é muito utilizado para verificar arquivos copiados da internet, de modo a garantir que se tratam dos arquivos originais sem nenhuma alteração.

As somas de verificação também são utilizadas para aumentar a segurança no armazenamento de senhas. O tipo de operação que produz as somas não pode ser facilmente revertido, por isso é mais seguro armazenar a somas de verificação das senhas dos usuários de um sistema do que as senhas em si. Desse modo, o sistema continua sendo capaz de verificar se as senhas informadas correspondem às respectivas somas armazenadas, e mesmo que essas somas sejam eventualmente expostas, dificilmente será possível aferir uma senha a partir de sua soma de verificação.

103.3 Gerenciamento básico de arquivos

Peso 4

Praticamente toda operação em linha de comando envolve trabalhar com arquivos e diretórios. Essa manipulação via comandos pode ser muito facilitada quando é conhecida a ferramenta apropriada para cada finalidade.

Diretórios e arquivos

Arquivos podem ser acessados tanto por seu caminho absoluto quanto pelo relativo. Caminhos absolutos são aqueles iniciados pela barra da raiz (/), e caminhos relativos são aqueles que tomam por referência o diretório atual. O Ponto (.) refere-se ao diretório atual, e os dois pontos (..) referem-se ao diretório anterior que contém o diretório atual.

O comando `ls` é usado para listar arquivos e conteúdo de um diretório. A opção `-l` exibe detalhes sobre o(s) arquivo(s), `-s` mostra o tamanho em bytes e `-d` mostra as propriedades de um diretório, não seu conteúdo. Exemplo de saída de `ls -l`:

```
$ ls -l /
total 64
lrwxrwxrwx    1 root root     7 fev  7  2018 bin -> usr/bin
dr-xr-xr-x.   7 root root  4096 fev 26 10:06 boot
drwxr-xr-x   20 root root  4300 fev 26 10:10 dev
drwxr-xr-x. 194 root root 12288 fev 26 10:10 etc
drwxr-xr-x.   4 root root  4096 fev  7  2018 home
lrwxrwxrwx    1 root root     7 fev  7  2018 lib -> usr/lib
lrwxrwxrwx    1 root root     9 fev  7  2018 lib64 -> usr/lib64
drwx------    2 root root 16384 nov 15  2016 lost+found
drwxr-xr-x.   2 root root  4096 fev  7  2018 media
drwxr-xr-x.   2 root root  4096 set 18 00:04 mnt
drwxr-xr-x.   4 root root  4096 fev  7  2018 opt
dr-xr-xr-x  209 root root     0 fev 26 10:08 proc
dr-xr-x---.  27 root root  4096 fev 26 10:53 root
drwxr-xr-x   53 root root  1560 fev 26 11:08 run
lrwxrwxrwx    1 root root     8 fev  7  2018 sbin -> usr/sbin
```

```
drwxr-xr-x.   2 root root  4096 fev  7  2018 srv
dr-xr-xr-x   13 root root     0 fev 26 10:10 sys
drwxrwxrwt   14 root root   320 fev 26 12:13 tmp
drwxr-xr-x.  14 root root  4096 ago 28 08:41 usr
drwxr-xr-x.  26 root root  4096 ago 30 12:43 var
```

Diversas informações são exibidas à esquerda do nome de cada item, como as permissões de acesso, o usuário dono do arquivo e a data de modificação.

Arquivos que começam com um ponto "." não são exibidos pelo comando ls. Para que esses arquivos também sejam exibidos, é necessário utilizar o ls com a opção -a. Se o arquivo for um link simbólico, uma seta mostra o arquivo ou diretório para o qual ele aponta.

Englobamento

As operações com arquivos e diretórios permitem o uso de caracteres curinga, que são padrões de substituição de caracteres. O caractere * substitui qualquer sequência de caracteres:

```
$ ls /etc/host*
/etc/host.conf  /etc/hostname  /etc/hosts  /etc/hosts.allow  /etc/hosts.deny
```

O caractere ? substitui apenas um caractere:

```
$ ls /dev/sda?
/dev/sda1  /dev/sda2  /dev/sda3  /dev/sda4
```

O uso de colchetes permite indicar uma lista de caracteres:

```
$ ls /dev/hd[abc]
/dev/hda /dev/hdb /dev/hdc
```

Chaves indicam uma lista de termos separados por vírgula:

```
$ ls /dev/{hda,fd0}
/dev/fd0 /dev/hda
```

O uso de exclamação antes de um curinga o exclui da operação:

```
ls /dev/tty[!56789]
/dev/tty0  /dev/tty1  /dev/tty2  /dev/tty3  /dev/tty4
```

Curingas precedidos de barra invertida (\) não realizam substituição. São denominados caracteres *escapados*. Entre aspas duplas, apenas os caracteres especiais (`) e $ têm efeito. Entre aspas simples, nenhum caractere especial tem efeito.

Identificação de arquivos

No Linux, nem todos os arquivos têm sufixos que indicam qual é seu conteúdo. Nesses casos de ausência de sufixo, o comando `file` é muito útil para identificar o tipo de arquivo. Alguns exemplos de utilização do `file`:

```
$ file /boot/memtest86+-5.01
/boot/memtest86+-5.01: DOS/MBR boot sector

$ file /usr/share/doc/file/README
/usr/share/doc/file/README: ASCII text

$ file /usr/share/doc/octave/octave.pdf
/usr/share/doc/octave/octave.pdf: PDF document, version 1.5
```

O `file` utiliza um banco de dados contendo amostras de diferentes tipos de arquivo para fazer a identificação. Qualquer usuário pode utilizar o `file` em qualquer arquivo que tenha acesso de leitura, pois o `file` não modifica os arquivos avaliados.

Manipulando arquivos e diretórios

Uma das operações mais simples envolvendo a manipulação de arquivos é a criação de um arquivo vazio, sem finalidade específica. Mesmo uma tarefa simples como essa tem um comando apropriado, o comando touch. Para isso, basta fornecer o nome do arquivo como argumento para o `touch`.

O `touch` também é utilizado quando o objetivo é apenas alterar a data de um arquivo existente. Usado sem argumentos, `touch` altera a data e a hora de criação e modificação do arquivo para os valores atuais do sistema. Para alterar apenas a data de modificação, usa-se a opção `-m`, e para alterar apenas a data de acesso, usa-se a opção `-a`. Outros valores de tempo podem ser passados com a opção `-t`.

O comando cp é utilizado para copiar arquivos. Suas opções principais são:

`cp -i origem destino`

Modo interativo. Pergunta antes de sobrescrever um arquivo.

`cp -p origem destino`

Copia também os atributos do arquivo original.

`cp -r origem destino`

Copia recursivamente o conteúdo do diretório de origem.

É importante notar que, ao copiar um diretório recursivamente, o uso da barra / no final do diretório de origem fará com que apenas o conteúdo do diretório seja copiado para o destino. Não usar a barra fará com que o diretório de origem e seu conteúdo sejam copiados no destino.

O comando mv move e renomeia arquivos. Usado com a opção -i, ele pede confirmação antes de sobrescrever um arquivo de destino.

O comando cd muda para o diretório especificado ou vai para o diretório pessoal, quando nenhum diretório é especificado.

O comando mkdir cria diretórios. Para criar uma árvore de diretórios recursivamente, sem necessidade de criar um a um, usa-se a opção -p:

```
mkdir -p caminho/completo/para/diretório
```

Para alterar as permissões do diretório no ato da criação, estas são transmitidas ao mkdir com a opção -m. Diretórios vazios podem ser apagados pelo comando rmdir. Com a opção -p, o rmdir remove o diretório indicado e os diretórios superiores, desde que estejam vazios.

Para apagar um arquivo, o comando é rm. Para apagar diretórios com conteúdo, usa-se rm -r. Para forçar a remoção, a opção -f é utilizada. Quando a barra invertida "\" estiver presente no nome de um arquivo, será necessário precedê-la com outra barra invertida para fazer a remoção, pois o shell interpreta a barra invertida como um caractere especial. Por exemplo, um arquivo ou diretório chamado "\incorreto" pode ser removido com rm \\incorreto ou rmdir \\incorreto, respectivamente.

Agregar arquivos

No Linux, existem basicamente dois comandos para agregar arquivos e diretórios de forma indexada dentro de um só arquivo: tar e cpio. Suas finalidades básicas são semelhantes, agregam arquivos em outros arquivos ou dispositivos e podem extrair e atualizar estes arquivos.

Para criar um arquivo contendo todo o diretório /etc e seu conteúdo com o tar, podemos usar a forma:

```
tar cvf etc.tar /etc
```

No caso do comando tar, preceder as opções com um hífen não é obrigatório. As instruções fornecidas representam:

- c cria um arquivo.
- v mostra cada arquivo conforme é incluído.
- f indica o arquivo a ser criado.

O último argumento é o diretório(s) ou arquivo(s) a ser incluído. Para extrair esse arquivo, a opção usada é a x:

```
tar xvf etc.tar
```

Os arquivos serão extraídos para o diretório atual, com sua árvore de diretórios original preservada. Para extrair em um diretório diferente do diretório atual, a opção -C destino é incluída no final do comando, indicando o diretório de destino da extração.

Um arquivo *.tar* por si só, apesar de agregar outros arquivos, não os comprime. Os principais comandos de compressão no Linux são o gzip e o bzip2. Para compactar um arquivo *.tar* ou qualquer outro arquivo, utiliza-se:

```
gzip etc.tar
```

ou

```
bzip2 etc.tar
```

Será criado automaticamente o arquivo etc.tar.gz ou etc.tar.bz2. A principal diferença entre as duas modalidades de compressão é o algorítimo utilizado. O gzip é mais rápido, enquanto o bzip2 costuma oferecer melhores taxas de compressão.

A compactação pode ser especificada diretamente com o comando tar. Para realizar a compactação com *gzip*, é utilizada a opção z:

```
tar czvf etc.tar.gz /etc
```

Para usar *bzip2*, é utilizada a opção j:

```
tar cjvf etc.tar.bz2 /etc
```

A descompressão pode ser feita com os comandos gunzip e bunzip2, mas também diretamente com o comando tar e com as opções z e j, respectivamente.

Outro formato de compactação bastante utilizado é o *xz*, compatível com o *lzma*. Sua utilização é muito semelhante à do gzip e do bzip2. Os principais comandos são xz, para compactar, e unxz, para descompactar. Para o formato *lzma*, utiliza-se o lzma e unlzma.

Tal como o gzip e o bzip2, o xz pode ser utilizado pelo comando tar com a opção J. Note que para o bzip2 é a opção j minúsculo, e para o xz é a opção J maiúsculo. Se o formato desejado for o *lzma*, deve-se utilizar a opção longa --lzma.

Quando utilizados diretamente, os comandos de compressão e descompressão substituem os arquivos originais. Por exemplo, ao final da execução de gunzip etc.tar.gz, apenas o arquivo etc.tar estará presente, e o arquivo etc.tar.gz terá sido apagado.

Cópia com dd

O comando dd realiza cópia byte a byte, ou seja, realiza a cópia sequencial de dados de qualquer origem para qualquer destino, inclusive diretamente em dispositivos. Por isso, é especialmente útil para fazer cópias completas de discos ou partições inteiras e imagens de mídias como CDs e DVDs. Essas imagens podem ser posteriormente gravadas em dispositivos USB com o próprio dd. Quando necessário, o dd pode ser utilizado para criar arquivos em um tamanho específico, geralmente utilizados para armazenar um sistema de arquivos. Um arquivo vazio chamado *disco.img* com exatamente 1.000 MB pode ser criado com o comando dd bs=1M count=1000 if=/dev/zero of=disco.img.

O comando cpio serve para agregar e extrair arquivos de um arquivo agregado, mas também pode ser usado simplesmente para copiar arquivos. Sua finalidade é semelhante à do comando tar, podendo inclusive ler e escrever nesse formato. Uma diferença importante é que o cpio trabalha apenas com redirecionamentos de entrada e saída padrão. Para listar o conteúdo de um arquivo cpio, é usada a opção -t. Para extrair um arquivo, a opção -i.

Localizando arquivos

O principal comando de localização de arquivos em linha de comando é o find, cuja sintaxe básica é *find diretório critério*.

O argumento diretório indica onde o find deve iniciar a busca, e o critério pode ser o nome do arquivo ou diretório a ser procurado ou uma regra para a busca. Existem dezenas de critérios de busca, os mais comuns são:

-type x

A letra *x* define o tipo do arquivo (*d* para diretório, *f* para arquivo comum, e *l* para link simbólico).

-name nome

Nome do arquivo procurado ou diretório. Podem ser utilizados os caracteres de englobamento do shell. A opção **-iname** realiza a busca sem diferenciar letras maiúsculas e minúsculas.

`-user usuário`

Dono do arquivo ou diretório.

`-size -/+n`

Tamanho do arquivo. O sinal de menos ou mais indica se o arquivo deve ocupar menos ou mais que o espaço indicado por *n*. O tamanho é em unidades de 512 bytes, a menos que um sufixo de unidade seja utilizado. Os sufixos podem ser *c* para byte, *k* para kilobyte, *M* para megabyte e *G* para gigabyte.

`-atime -/+n`

Arquivo ou diretório acessado no período definido por *n*. O sinal de menos indica que o acesso é inferior ao valor de *n*, e o sinal de mais indica que o acesso é superior ao valor de *n*. O valor *n* corresponde a unidades de 24 horas.

`-ctime -/+n`

Arquivo ou diretório criado no período definido por *n*, nas mesmas regras de `-atime`.

`-mtime -/+n`

Arquivo modificado no período definido por *n*, nas mesmas regras de `-atime`.

`-amin -/+n`

Arquivo acessado no período definido por *n*. O sinal de menos indica que o acesso é inferior ao valor de *n*, e o sinal de mais indica que o acesso é superior ao valor de *n*. O valor *n* corresponde à quantidade de minutos.

`-cmin -/+n`

Arquivo ou diretório criado no período definido por *n*, nas mesmas regras de `-cmin`.

`-mmin -/+n`

Arquivo ou diretório modificado no período definido por *n*, nas mesmas regras de `-cmin`.

`-newer arquivo`

O arquivo ou diretório procurado foi criado ou modificado depois da data de criação do arquivo indicado por `-newer`.

`-perm permissões`

O arquivo ou diretório procurado tem permissões idênticas às permissões indicadas. As permissões podem ser indicadas na forma octal ou como letras. Por exemplo, `-perm 0020` ou `-perm g=w`.

`-perm -permissões`

O arquivo ou diretório procurado tem todas as permissões indicadas. As permissões podem ser indicadas na forma octal ou como letras. Por exemplo, `-perm 0020` ou `-perm g=w`.

`-perm /permissões`

O arquivo procurado tem qualquer uma das permissões indicadas. As permissões podem ser indicadas na forma octal ou como letras. Por exemplo, `-perm 0020` ou `-perm g=w`.

O `find` oferece várias maneiras de interagir com os resultados obtidos. É possível, por exemplo, executar um comando para cada resultado encontrado. O comando a seguir encontra e apaga todos os arquivos vazios (com tamanho igual a zero) encontrados a partir do diretório atual:

```
find . -size 0 -type f -exec rm '{}' \;
```

A opção -exec indica qual comando executar para cada resultado. No exemplo, o comando rm foi indicado. A expressão {} entre aspas simples indica o arquivo encontrado, e o ponto e vírgula, precedido da barra invertida ****, sinaliza o fim do comando invocado.

Também é possível encaminhar de uma só vez todos os resultados da busca para serem utilizados por um outro comando. Por exemplo, criar um arquivo *tar* com todos os arquivos no diretório *~/Documentos* e em seus subdiretórios que foram modificados a menos de 24 horas:

```
find ~/Documentos -type f -print0 | tar cJvf ~/Desktop/docs.tar.xz --null -T -
```

A opção -print0 determina que os resultados sejam separados por um caractere nulo, em vez de por uma linha. Essa opção é importante quando alguns dos resultados contêm espaços ou quebras de linha em seus nomes, o que causaria erro de interpretação. Essa opção é usada quando o resultado será tratado por outro programa, como é o caso do exemplo usando o tar. O comando que recebe o resultado deve ser capaz de interpretar os resultados separados pelo caractere nulo. No tar, as opções --null -T - indicam que a lista de arquivos para agregar usa o separador nulo e será recebida via entrada padrão.

103.4 Fluxos, pipes (canalização) e redirecionamentos de saída

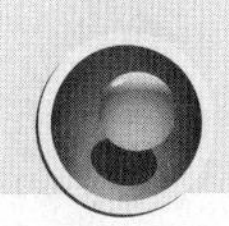

Peso 4

Processos Unix (e Linux), por padrão, abrem três canais de comunicação para entrada e saída de dados. Esses canais podem ser redirecionados de e para outros arquivos ou processos.

É comum que o canal de entrada (*standard input* ou *stdin*) seja o teclado e os canais de saída-padrão (*standard output* ou *stdout*) e de saída de erro (*standard error* ou *stderr*) sejam a tela do computador. Os valores numéricos para esses canais são **0** para stdin, **1** para stdout, e **2** para stderr. Os canais também podem ser acessados por meio dos dispositivos virtuais /dev/stdin, /dev/stdout e /dev/stderr.

O fluxo dos dados para redirecionamentos e canalizações em uma linha de comando acontece da esquerda para a direita.

Redirecionamento

Para redirecionar a saída-padrão de um comando para um arquivo, utiliza-se o caractere **>** e logo em seguida o arquivo a ser criado com os dados redirecionados:

```
cat /proc/cpuinfo > ~/cpu.txt
```

Se o arquivo de destino existir previamente, será sobrescrito. Para adicionar os valores sem apagar o conteúdo existente, utiliza-se o operador **>>**. O Bash não sobrescreve arquivos com redirecionamento caso tenha sido definida a opção *noclobber*, com o comando `set -o noclobber` ou `set -C`. Se o destino for um diretório, um erro será emitido e nenhuma ação será executada.

Para redirecionar o conteúdo de um arquivo para a entrada padrão de um comando, utiliza-se **<**. Nesse caso, o fluxo dos dados segue da direita para a esquerda. É especialmente útil para utilizar com comandos como o `tr`, que não lê arquivos diretamente.

Outra maneira de enviar dados para a entrada padrão de um comando é pelo método *Here document* ou *heredoc*, com o operador **<<**:

```
$ wc -c <<EOF
> Quantos caracteres
> há neste heredoc?
> EOF
38
```

Após o operador **<<** é indicado o termo que encerra o texto. No exemplo, as duas linhas de texto são enviadas para a entrada do comando `wc -c`, que exibe a quantidade de caracteres.

O conteúdo produzido pelo comando que é redirecionado por padrão é o de *stdout*. Para especificar *stderr*, usa-se **2>**. Para redirecionar ambos simultaneamente, usa-se **&>**. Também é possível redirecionar a *stdout* para *stderr*, com **1>&2**. Para fazer o oposto, *stderr* para *stdout*, utiliza-se **2>&1**. Por exemplo, para redirecionar a *stderr* para a *stdout* e salvar a saída no arquivo `log.txt`, utiliza-se `>log.txt 2>&1`. Para simplesmente descartar a saída produzida por um comando, basta fazer um redirecionamento para o arquivo `/dev/null`. Por exemplo, `>log.txt 2>/dev/null` salva a saída padrão no arquivo `log.txt` e descarta a saída de erro.

Canalização (pipes)

Parte da filosofia Unix é que cada programa tenha uma finalidade específica e evite tentar desempenhar todas as tarefas sozinho. Nesse contexto, é possível encadear a execução de comandos individuais, cada um desempenhando sua função, para obter um resultado combinado. Esse encadeamento consiste em enviar a saída de um comando para a entrada de outro comando utilizando o caractere de canalização |, chamado *pipe*.

Por exemplo, o conteúdo do arquivo /proc/cpuinfo pode ser direcionado para o comando wc com o comando:

```
$ cat /proc/cpuinfo | wc
   208   1184   6096
```

O conteúdo do arquivo /proc/cpuinfo foi redirecionado para a entrada padrão do comando wc, que faz a contagem do número de linhas, palavras e caracteres de um arquivo ou do conteúdo recebido pela entrada padrão.

Várias canalizações podem ser feitas em sequência. A seguir, duas canalizações usadas em uma mesma linha de comando:

```
$ cat /proc/cpuinfo | grep 'model name' | uniq
model name      : Intel(R) Xeon(R) CPU           X5355  @ 2.66GHz
```

O conteúdo do arquivo /proc/cpuinfo foi canalizado com o comando cat /proc/cpuinfo para o comando grep 'model name', que selecionará apenas as linhas contendo o termo *model name*. Por se tratar de um computador com vários processadores, há várias linhas *model name* iguais. A última canalização é do comando grep 'model name' para o comando uniq, que reduz linhas repetidas em sequência para apenas uma ocorrência.

Por fim, é possível redirecionar simultaneamente a saída tanto para um arquivo quanto para *stdout*, com o comando tee. Para tal, canaliza-se a saída do comando para o comando tee, fornecendo a este um nome de arquivo para armazenar a saída:

```
script.sh | tee log.txt
```

A saída padrão de script.sh será mostrada na tela e gravada no arquivo log.txt. Para não substituir o conteúdo do arquivo, mas adicionar ao seu final, deve ser utilizada a opção -a do comando tee.

Substituição de comandos

É possível também usar a saída de um comando como argumento para outro usando-se aspas invertidas:

```
mkdir `date +%Y-%m-%d`
```

Neste exemplo, a saída do comando date, a data no formato *ano-mês-dia*, é utilizada como argumento para criar um diretório com o comando mkdir. Resultado idêntico é conseguido utilizando-se a forma $() no lugar das aspas invertidas:

```
mkdir $(date +%Y-%m-%d)
```

Semelhante à substituição de comandos, o comando xargs desempenha função de intermediário, passando os dados que recebe via stdin como argumento para um segundo comando. Exemplo do xargs recebendo dados do find:

```
# find /usr/share/icons -name 'debian*' | xargs identify -format "%f: %wx%h\n"
debian-swirl.png: 22x22
debian-swirl.png: 16x16
debian-swirl.png: 32x32
debian-swirl.png: 256x256
debian-swirl.png: 48x48
debian-swirl.png: 24x24
debian-swirl.svg: 48x48
```

Nesse exemplo, xargs tomou cada caminho encontrado por find e os repassou como argumento para o comando identify. Nos casos em que os nomes de arquivos têm espaços, o find deve ser invocado com a opção -print0. Dessa forma, um caractere nulo é utilizado como separador, e os nomes são interpretados corretamente.

103.5 Criar, monitorar e finalizar processos

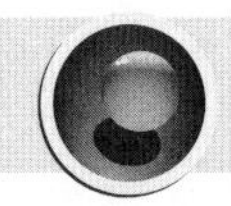

Peso 4

Em linhas gerais, um processo é um programa em execução. Cada processo tem um número único de identificação chamado **PID**, o *Process ID*. Esse número pode ser usado para mudar a prioridade de um processo ou para finalizá-lo.

Monitorar processos

O comando mais utilizado para inspecionar os processos do sistema é o comando ps, geralmente utilizado para obter uma visão geral dos processos e respectivos usuários ativos no sistema:

```
$ ps au
USER       PID %CPU %MEM    VSZ   RSS TTY      STAT START   TIME COMMAND
root      2992  0.0  0.4 263264 37784 tty7     Ssl+ Mar15   0:03 /usr/bin/X :0
root      6928  0.0  0.0   8104  1812 tty1     Ss+  Mar15   0:00 /sbin/agetty --noclear
tty1 linux
simon    22919  0.0  0.0  29848  7272 pts/1    Ss+  16:18   0:00 -bash
lcnsqr   27628  0.8  0.0  29788  7152 pts/0    Ss   16:30   0:00 -bash
lcnsqr   27700  0.0  0.0  30124  3016 pts/0    S+   16:30   0:00 screen
lcnsqr   27702  1.3  0.0  29804  7384 pts/2    Ss   16:30   0:00 /bin/bash
lcnsqr   27819  2.5  0.2 188340 16692 pts/2    Sl+  16:31   0:00 vim api.php
lcnsqr   27831  7.5  0.0  29804  7084 pts/3    Ss   16:31   0:00 /bin/bash
```

O ps usa tanto opções precedidas de hífen quanto opções sem hífen, conhecida como sintaxe *BSD*. No exemplo, foram utilizadas duas opções do padrão BSD. A opção a determina que todos os processos executados a partir de uma sessão de terminal sejam exibidos, inclusive os de outros usuários do sistema. A opção u determina uma saída com informações orientadas ao usuário.

Diversos outros comandos podem ser usados para inspecionar processos e são especialmente úteis para localizar e modificar ou finalizar processos. São eles:

top

Monitora continuamente os processos, mostrando informações como uso de memória e CPU de cada processo. A tecla **h** fornece ajuda sobre o uso do programa. Pode ser usado para alterar a prioridade de um processo.

pstree

Mostra processos ativos em formato de árvore genealógica (processos filhos ligados aos respectivos processos pais).

pidof

Tenta localizar o PID a partir do nome do programa, fornecido como argumento.

kill

Envia sinais de controle para processos. O sinal padrão, quando nenhum sinal é informado, é *SIGTERM*, de valor numérico 15, que pede ao programa em questão para finalizar. O processo não necessariamente obedece ao sinal, a menos que o sinal seja *SIGKILL*. Em alguns casos, o sinal *SIGHUP* pode ser interpretado como ordem para que o processo recarregue sua configuração.

`killall`

Tem função igual à do `kill`, porém usa o nome do processo no lugar do PID. Com a opção -l, lista os sinais possíveis.

Por exemplo, para enviar o sinal *SIGTERM* para o processo de número 4902:

```
kill -SIGTERM 4902
```

Alguns dos sinais mais utilizados:

`SIGHUP`

Termina ou reinicia o processo. Valor numérico 1.

`SIGINT`

Interrompe o processo, igual a **Ctrl** + **c**. Valor numérico 2.

`SIGSTOP`

Interrompe o processo, igual a **Ctrl** + **c**. Valor numérico 2.

`SIGQUIT`

Fecha o processo. Valor numérico 3.

`SIGKILL`

Força a finalização do processo. Valor numérico 9.

`SIGTERM`

Solicita ao processo para finalizar. Valor numérico 15.

Controle com pgrep e pkill

O comando `pgrep` localiza processos a partir de seus nomes ou outros atributos, exibindo os números PID de todos os processos correspondentes. Em sua forma de utilização mais simples, basta fornecer o nome de um programa ou comando:

```
$ pgrep nginx
1039
1040
```

Os números 1039 e 1040 são processos ativos relacionados ao programa `nginx`. A opção `-a` é utilizada para obter o comando completo que foi utilizado para iniciar cada processo:

```
$ pgrep nginx -a
1039 nginx: master process /usr/sbin/nginx
1040 nginx: worker process
```

O nome fornecido pode ser uma expressão regular, o que é útil para filtrar processos mais especificamente. Outras opções importantes do pgrep são:

`-d, --delimiter <texto>`
: Definir um separador para a saída diferente do padrão, que é um número de processo por linha.

`-l, --list-name`
: Mostrar o nome do processo.

`-a, --list-full`
: Mostrar o comando completo que iniciou o processo.

`-v, --inverse`
: Inverte o critério, exibindo todos os processos que não correspondem.

`-c, --count`
: Quantos processos correspondem ao critério escolhido.

`-n, --newest`
: Seleciona o processo mais recente.

`-o, --oldest`
: Seleciona o processo mais antigo.

`-P, --parent <PPID,...>`
: Limita a seleção aos processos cujo PID pai seja o especificado.

`-t, --terminal <tty,...>`
: Seleciona os processos do terminal especificado. Os terminais ativos podem ser obtidos com o comando w.

`-u, --euid <UID,...>`
: Seleciona pelo UID (número de identificação de usuário) efetivo. O UID efetivo é o UID associado ao processo. Em casos especiais, pode ser diferente do UID do usuário que iniciou o processo.

`-U, --uid <UID,...>`
: Seleciona pelo UID real. O UID real é o UID do usuário que realmente iniciou o processo.

`-g, --pgroup <PGID,...>`
: Seleciona pelo GID (número de identificação de grupo) do processo.

`-G, --group <GID,...>`
: Seleciona pelo GID real.

O comando pkill é utilizado para enviar sinais aos processos que correspondam aos critérios de busca fornecidos. Como com o pgrep, podem ser utilizadas expressões regulares. Os sinais de controle dos processos são os mesmos utilizados pelo comando kill, e são especificados diretamente ou com a opção --signal. Por exemplo, para fazer o syslogd recarregar suas configurações:

```
pkill -HUP syslogd
```

O mesmo resultado é obtido com a opção --signal:

```
pkill --signal HUP syslogd
```

Os nomes dos processos são limitados em 15 caracteres, como estão armazenados no arquivo /proc/PID/stat. Com a opção -f, a busca é realizada na linha de comando completa que está armazenada em /proc/PID/cmdline.

Tanto o pgrep quanto o pkill nunca exibem a si mesmos em suas respectivas saídas.

Tarefas em primeiro e segundo planos

Após iniciado um programa no shell, ele normalmente assumirá o controle de stdin e stdout, ou seja, ficará em primeiro plano. Para interromper o programa e voltar ao prompt do shell, usa-se a combinação de teclas **Ctrl** + **z**, que envia o sinal *SIGSTOP* para o processo. Feito isso, para continuar a execução do programa em segundo plano, ou seja, mantendo o prompt do bash em primeiro plano, usa-se o comando bg (*background*). Para continuar a execução do programa em primeiro plano, usa-se o comando fg (*foreground*).

Ao interromper uma tarefa, é mostrado um número que a identifica. Esse número pode ser passado para fg e bg, para especificar a tarefa desejada. Se houver apenas uma tarefa na sessão atual, fg e bg podem ser usados sem argumentos. Para usar o nome do programa no lugar de seu número de tarefa, basta precedê-lo de %?.

O comando jobs lista as tarefas existentes na sessão atual do bash. E especialmente útil quando há mais de uma tarefa em andamento. É possível iniciar programas diretamente em segundo plano adicionando-se o caractere & ao seu final. Os números que são exibidos correspondem ao número da tarefa e ao PID, respectivamente. O número de uma tarefa pode ser usado como argumento do comando kill, desde que precedido pelo caractere %.

Quando um usuário sai do sistema, um sinal SIGHUP é enviado a todos os processos iniciados por ele. Para que esse sinal não interrompa o processo do usuário depois de ele sair do sistema, o comando deve ser invocado por meio do nohup:

```
$ nohup wget ftp://transferência/muito/demorada.tar.bz2 &
nohup: appending output to 'nohup.out'
```

As saídas stdout e stderr serão redirecionadas para o arquivo nohup.out, criado no mesmo diretório em que o comando foi executado. Dessa forma, a saída do comando poderá ser analisada posteriormente.

Interfaces screen e tmux

Os programas screen e tmux permitem alternar entre diferentes tarefas em uma mesma sessão do shell, por isso são chamados *multiplexadores* de terminal. Por exemplo, é possível manter aberto um editor de texto e exibir o manual de um comando, alternando entre eles. Esse recurso é especialmente útil em sessões remotas, pois evita que se abram várias conexões apenas para executar diferentes tarefas simultâneas no mesmo servidor e permite manter uma sessão ativa mesmo após desconectado do terminal. A utilização do screen e do tmux é bastante semelhante, e ambos oferecem praticamente as mesmas funcionalidades, sendo o screen mais tradicional e o tmux um programa mais recente.

O screen pode ser invocado sem nenhum argumento ou com um comando como argumento. Sem argumentos, simplesmente abrirá uma sessão do shell padrão. Com um comando como argumento, entrará em execução exibindo o comando em questão.

Por exemplo, para iniciar uma sessão do screen editando o arquivo det.pl com o editor vim:

```
$ screen vim det.pl
```

De início, não há diferença entre a execução com o screen e a execução convencional. Porém, será possível abrir uma nova tela com a combinação de teclas **Ctrl + a c**. Ao pressionar **Ctrl + a**, o screen entra no modo de controle e aguarda uma instrução, que neste caso foi criar uma nova tela (tecla **c**). A principal diferença entre o tmux e o screen é que o tmux utiliza o **Ctrl + b** no lugar do **Ctrl + a** para enviar as ações, mas esse aspecto pode ser alterado na configuração do programa.

Assim que é criado, o screen imediatamente muda para a nova tela, que é idêntica a uma nova sessão interativa de terminal. A lista de todas as telas é exibida com a combinação **Ctrl + a "**, e as telas podem ser selecionadas com as setas do teclado e ativadas com a tecla **Enter**. Também é possível ir diretamente para uma tela pressionando-se **Ctrl + a** e o número da tela desejada. Outros comandos convenientes são:

- **Ctrl + a p** é usado para alternar para a tela anterior.
- **Ctrl + a n** ou **Ctrl + a espaço**, usados para alternar para a tela posterior.
- **Ctrl + a A** muda o título da tela.

Uma tela será fechada assim que o shell ou o comando (via argumento) contido nela for encerrado.

O screen pode dividir uma mesma tela para exibir diferentes tarefas lado a lado. O comando **Ctrl + a S** divide a tela horizontalmente, e o comando **Ctrl + a |** divide a tela verticalmente. O comando **Ctrl + a Tab** muda a região ativa. Dentro de uma região podem ser utilizados os comandos para alternar telas. Para fechar um espaço, utiliza-se **Ctrl + a X**.

Todo o conteúdo exibido dentro do screen pode ser copiado entre as telas abertas. Para iniciar uma seleção, é utilizado o comando **Ctrl + a** [. Em seguida, o cursor deve ser posicionado no início ou no fim do texto que se quer copiar. Podem ser utilizadas as setas do teclado ou as mesmas teclas de navegação do editor **vi**. Após pressionar **Enter**, o conteúdo a ser copiado pode ser selecionado, também com as teclas de navegação. Para copiar o conteúdo selecionado, basta pressionar **Enter** novamente. Em outra tela, o texto será colado na posição atual do cursor com o comando **Ctrl + a**].

Caso ocorra uma interrupção na comunicação com o servidor onde o screen está em execução, será possível recuperar as mesmas telas e suas respectivas tarefas em uma nova conexão usando-se o comando screen -D -R. A opção -D determina que o screen seja desanexado caso ainda esteja sendo exibido, e a opção -R reutiliza a sessão em execução do screen. Esse procedimento também é útil para dar continuidade a uma mesma atividade a partir de outro cliente conectado à mesma conta no servidor. Importante lembrar que o screen não armazena sessões no caso de desligamento do computador onde é executado.

Para desanexar uma sessão voluntariamente, o comando **Ctrl + a d** deve ser executado. Para recuperar a sessão em um outro momento, bastará invocar o comando screen -R.

Recursos de sistema

A administração de processos deve se basear nos recursos de hardware disponíveis. Basicamente, processos suspeitos que ocupam muita memória ou processamento podem ser finalizados em situações de emergência.

O comando free mostra o montante total de memória ram, a quantidade de memória livre e o espaço de swap, em kilobytes:

```
$ free
             total       used       free     shared    buffers     cached
Mem:      16442484   15904244     538240          0     524656    1570016
-/+ buffers/cache:   13809572    2632912
Swap:      3998712    3336664     662048
```

Em uma situação em que não há mais memória RAM disponível e o espaço de swap já está demasiado ocupado, existe a suspeita de que algum processo está ocupando muita memória indevidamente e deve ser finalizado. Outro comando útil para identificar o consumo de recursos da máquina é o uptime:

```
# uptime
 13:31:00 up 36 days, 21:03,  3 users,  load average: 0.05, 0.19, 1.27
```

É exibido quanto tempo se passou desde que o sistema foi ligado pela última vez e a quantidade de usuários atualmente no sistema. Os valores finais, *load average*, referem-se à média de carga do sistema nos últimos 1, 5 e 15 minutos, respectivamente. As médias são calculadas a partir do total de processos que estão rodando ou ininterrompíveis no intervalo de tempo em questão. Um processo rodando é aquele utilizando ou aguardando para utilizar o processador. Um processo ininterrompível está tentando acessar um dispositivo de entrada/saída, como um disco rígido.

Os valores devem ser interpretados de acordo com o número de processadores presentes no sistema. Em uma máquina com apenas um processador, uma média próxima a 1 significa que a praticamente todo momento havia um processo rodando ou ininterruptível. Já em uma máquina com quatro processadores, a média próxima a 1 significa que o fato ocorreu em apenas um dos processadores. Portanto, para supor que havia um processo rodando ou ininterruptível nos quatro processadores, um valor próximo a 4 deve ser a média.

Tanto o comando `free` quanto o comando `uptime` podem ser monitorados continuamente com o comando `watch`. O `watch` simplesmente executa um comando repetidamente em um intervalo de tempo especificado. Por exemplo, o comando `watch -n 1 uptime` executará e exibirá a saída do comando `uptime` uma vez por segundo. A opção `-n` indica o intervalo de tempo entre as repetições. Se não for indicado, o intervalo de tempo padrão é de 2 segundos.

103.6 Modificar a prioridade de execução de um processo

Peso 2

No Linux, como na maioria dos sistemas multitarefa, é possível atribuir prioridades aos processos. A prioridade que o kernel dará para a execução de um processo é definida a partir dos chamados *números nice* (**NI**). Todo processo comum é iniciado com uma prioridade padrão (0). Números nice vão de -20 (prioridade mais alta) a 19 (prioridade mais baixa). Dessa escala decorre o nome *nice*, pois quanto mais "gentil" (*nice* em inglês) for um processo, mais processos poderão passar a sua frente na fila de execução.

O valor *nice* de todos os processos em execução pode ser consultado com o comando `ps -Al` ou `ps -el`. A coluna *NI* indica o número *nice*, e a coluna *PRI* indica a prioridade utilizada de fato pelo kernel. O kernel utiliza o número `nice` para aumentar ou reduzir as prioridades dos programas convencionais do espaço de usuário.

Apenas o usuário root pode reduzir o número nice de um processo para abaixo de zero. É possível iniciar um comando com uma prioridade diferente da padrão por meio do comando `nice`. Por padrão, `nice` muda a prioridade para 10, podendo ser especificada como na forma:

```
nice -n 15 tar czf home_backup.tar.gz /home
```

Na qual o comando `tar` é iniciado com número nice 15.

Para alterar a prioridade de um processo em andamento, pode ser utilizado o comando `renice`. A opção `-p` indica o PID do processo em questão. Exemplo:

```
# renice -10 -p 2164
2164 (process ID) old priority 0, new priority -10
```

As opções `-g` e `-u` permitem alterar todos os processos do grupo ou do usuário, respectivamente. Com `renice +5 -g users`, todos os processos de usuários do grupo *users* tiveram suas prioridades (número nice) alteradas para `+5`.

Além do comando `renice`, prioridades podem ser modificadas interativamente por meio do programa `top`. Quando na tela de processos, basta pressionar a tecla **r** e indicar o número PID do processo.

103.7 Procurar em arquivos de texto usando expressões regulares

Peso 2

Expressões regulares são elementos de texto, palavras-chave e modificadores que formam um padrão, usado para encontrar e opcionalmente alterar um padrão correspondente.

O comando grep

Muitos programas suportam o uso de expressões regulares. O comando `grep` é o mais utilizado para realizar buscas em arquivos e fluxos de texto. Alguns caracteres, chamados *operadores*, têm significado especial em expressões regulares:

- O acento circunflexo **^** representa o começo de uma linha.
- O cifrão **$** representa o fim de uma linha.
- O ponto **.** é utilizado para indicar a presença de qualquer caractere.

- O asterisco * indica que o caractere anterior aparece em qualquer quantidade (inclusive nenhuma vez).
- Os colchetes [] indicam uma classe de caracteres.
- O sinal de interrogação ? indica que o caractere anterior aparece zero ou uma vez.

Um dos usos comuns do grep é facilitar a inspeção de arquivos muito longos usando-se a expressão regular como um filtro aplicado a cada linha. Pode ser utilizado para exibir apenas as linhas que se iniciem por um termo específico:

```
# grep "^options" /etc/modprobe.d/alsa-base.conf
options snd-pcsp index=-2
options snd-usb-audio index=-2
options bt87x index=-2
options cx88_alsa index=-2
options snd-atiixp-modem index=-2
options snd-intel8x0m index=-2
options snd-via82xx-modem index=-2
```

A canalização da saída com o caractere | permite utilizar a saída de um comando como entrada de dados para o grep. A seguir, como utilizar colchetes para selecionar ocorrências de qualquer um dos caracteres em seu interior:

```
# fdisk -l | grep "^Disk /dev/sd[ab]"
Disk /dev/sda: 320.1 GB, 320072933376 bytes, 625142448 sectors
Disk /dev/sdb: 7998 MB, 7998537728 bytes, 15622144 sectors
```

A seguir, algumas definições de opções importantes do grep.

-c

Conta as linhas contendo o padrão.

-i

Ignora a diferença entra maiúsculas e minúsculas.

-f

Usa a expressão regular contida no arquivo indicado por essa opção.

-n

Exibe o número da linha.

-v

Mostra todas as linhas exceto a que corresponder ao padrão.

Dois comandos complementam as funções do grep: egrep e fgrep. O comando egrep é equivalente ao comando grep -E, e ele incorpora outras funcionalidades além das expressões regulares padrão. Por exemplo, com o egrep pode-se usar o operador *pipe* , que atua como o operador *OU*:

```
egrep "invenção|invenções"
```

Serão retornadas todas as ocorrências do termo *invenção* ou *invenções*.

Já o fgrep age da mesma forma que o grep -F, ou seja, ele deixa de interpretar expressões regulares. É especialmente útil nos casos mais simples, em que o que se quer é apenas localizar a ocorrência de algum termo simples. Mesmo se forem utilizados caracteres especiais, como $ ou ponto, estes serão interpretados literalmente, e não pelo que representam em uma expressão regular.

Edição de padrões com sed

O comando sed é mais utilizado para procurar e substituir padrões em textos, mostrando o resultado na saída padrão. Sua sintaxe é sed [opções] "comando e expressão regular" [arquivo original]. Também é possível utilizar a entrada padrão como entrada de dados.

No sed, a expressão regular fica circunscrita entre barras (/). Por exemplo, sed -e "/^#/d" /etc/protocols mostra o conteúdo do arquivo /etc/services sem as linhas começadas por # (linhas de comentário). A letra d ao lado da expressão regular é um comando de expressão regular do sed, que indica a exclusão de linhas contendo o respectivo padrão. Por exemplo, para substituir o termo hda por sda, utiliza-se a expressão regular "s/hda/sda/g". Mais opções comuns do sed:

-e

Executa a expressão e comando a seguir.

-f

Lê expressões e comandos do arquivo indicado pela opção.

-n

Não mostra as linhas que não correspondam à expressão.

Os comandos mais comuns utilizados no sed:

s

Substituir.

d

Apaga a linha.

r

Insere o conteúdo do arquivo indicado na ocorrência da expressão.

w

Escreve a saída no arquivo indicado.

g

Substitui todas as ocorrências da expressão na linha atual.

O sed não provoca alteração no arquivo de origem. Para esse propósito, é necessário direcionar a saída padrão do comando para um arquivo temporário, que por sua vez pode substituir o arquivo original.

103.8 Edição básica de arquivos com o vi

Peso 3

Na maioria das distribuições, o `vi` — nome derivado de *Visual Editor* — é o editor de textos pré-instalado. O `vi` pode ser invocado diretamente, para editar um arquivo, ou indiretamente, quando outra atividade necessita de um editor de texto.

Diferente dos editores de texto em ambiente gráfico, o `vi` é voltado para operação em terminal, tendo atalhos de teclado para todas as tarefas de edição.

Modos de execução

No `vi` existem os chamados modos de execução, nos quais as ações de teclado se comportam de maneira distinta. Há três modos de execução básicos no vi:

Modo Normal (navegação)

É o modo inicial do `vi`. Nele as teclas do teclado atuam basicamente para navegação e edição de blocos de texto. Geralmente, os comandos são letras únicas. Se precedido por um número, o comando será repetido correspondentemente ao valor desse número. Algumas teclas comuns usadas no modo normal podem ser consultadas a seguir.

0, $

Início e fim de linha.

1G, G

Início e fim de documento.

(,)

Início e fim de sentença.

{, }

Início e fim de parágrafo.

w, W

Pular palavra e pular palavra contando com a pontuação.

`h, j, k, l`

Esquerda, abaixo, acima, direita.

`/, ?`

Busca para a frente e para trás.

`i`

Entra no modo de inserção na posição atual do cursor.

`a, A`

Entra no modo de inserção depois do cursor ou no fim da linha.

`o, O`

Adiciona linha e entra no modo de inserção na linha posterior ou anterior a do cursor.

`s, S`

Apaga item ou linha e entra no modo de inserção.

`c`

Modifica um item com a inserção de texto.

`r`

Substitui um único caractere.

`x`

Apaga um único caractere.

`y, yy`

Copia um item ou toda linha.

`p, P`

Cola o conteúdo, copiado depois ou antes do cursor.

`u`

Desfazer, refazer

`Ctrl + r`

Refazer

`ZZ`

Fecha e salva, se necessário.

`ZQ`

Fecha e não salva.

A maioria dos comandos pode ser invocada repetidamente quando são precedidos por um número. Por exemplo, para copiar a linha atual mais as duas próximas linhas, basta utilizar 3yy.

Modo de inserção

A maneira mais comum de entrar no modo de inserção é pressionando-se a tecla **i** ou **A**. É o modo mais intuitivo, usado para digitar texto no documento. A tecla **Esc** sai do modo de inserção e volta para o modo de navegação.

Modo de comando

O modo de comando é acessível ao se pressionar a tecla **:** no modo de navegação. É usado para fazer buscas, salvar, sair, executar comandos no shell, alterar configurações do `vi` etc. Para retornar ao modo de navegação, usa-se o comando `visual` ou simplesmente a tecla **Enter** com a linha vazia. Os comandos mais comuns do modo de comando são listados a seguir.

`:%s/regex/texto/g`

Substituir em todo o texto as ocorrências da expressão regular *regex* por *texto*.

`:!`

Permite executar um comando do shell.

`:quit ou :q`

Fecha.

`:quit! ou :q!`

Fecha sem gravar.

`:wq`

Salva e fecha.

`:exit ou :x ou :e`

Fecha e grava, se necessário.

`:visual`

Volta para o modo normal.

O `vi` pode atender a todas as necessidades básicas de edição de arquivos de texto, mas qualquer outro editor pode ser utilizado para edição de arquivos de texto no terminal. O Bash utiliza as variáveis de ambiente VISUAL ou EDITOR para determinar qual é o editor de textos padrão para o sistema. Desse modo, outro editor pode ser definido como padrão no lugar do `vi`, como o *Emacs*, *nano* ou a versão aprimorada do `vi`, o `vim`.

QUESTIONÁRIO

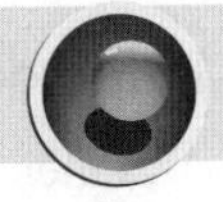

Tópico 103

Revise os temas abordados:

- Trabalhar na linha de comando
- Processar fluxos de texto usando filtros
- Gerenciamento básico de arquivos
- Fluxos, pipes (canalização) e redirecionamentos de saída
- Criar, monitorar e finalizar processos
- Modificar a prioridade de execução de um processo
- Procurar em arquivos de texto usando expressões regulares
- Edição básica de arquivos com o vi

Para responder ao questionário, acesse

https://lcnsqr.com/@aifgk

Tópico 104:

Dispositivos, sistemas de arquivos Linux e padrão FHS

Principais temas abordados:

- Configuração de partições, criação de sistemas de arquivos e swap.
- Manutenção de sistemas de arquivos.
- Configuração de montagem de partições e cotas de disco.
- Permissões de acesso.
- Links para arquivos e diretórios.
- Como localizar arquivos.

104.1 Criar partições e sistemas de arquivos

Peso 2

Antes de poder armazenar os arquivos, todo disco rígido precisa ser particionado, ou seja, é necessário que sejam dimensionados os limites onde serão criados cada sistema de arquivos dentro do dispositivo.

A maioria dos discos rígidos já sai de fábrica com uma partição criada, que ocupa todo o espaço disponível no dispositivo. Porém, nem sempre utilizar uma partição única no dispositivo é a melhor solução, principalmente em ambientes Linux.

O comando fdisk

O `fdisk` é o comando padrão para manipular partições no Linux. Com a opção `-l`, ele lista os dispositivos e as partições existentes. Para manipular partições, o `fdisk` deve ser iniciado tendo como argumento o dispositivo em questão.

Por padrão, o `fdisk` utiliza o padrão de particionamento *MBR*, também chamado de padrão *msdos*. Nessa modalidade, o disco é dividido em partições *primárias*, das quais uma pode ser do tipo *estendida* e, por sua vez, dividida em mais partições *lógicas*.

Na interface interativa do `fdisk`, algumas letras correspondem a comandos. Alguns comandos bastante utilizados estão descritos a seguir.

`p`
Lista as partições.

`n`
Cria uma nova partição interativamente.

`t`
Muda o código de identificação da partição.

`d`
Apaga uma partição.

`q`
Sai do fdisk sem gravar as alterações.

`w`
Sai do fdisk e grava as alterações.

`m`
Mostra a ajuda de comandos.

Cada partição tem um número hexadecimal que a identifica como apropriada a um determinado sistema operacional. O `fdisk` cria novas partições identificadas como nativas de Linux, cujo código hexadecimal é **83** (0x83). O código de identificação de partições do tipo *swap* é **82** (0x82).

GPT

Devido às limitações do padrão MBR, o padrão **GPT** está se tornando cada vez mais utilizado. A sigla GPT vem do inglês: *Globally Unique Identifier (GUID) Partition Table (GPT)*. Algumas vantagens do GPT em relação ao MBR são:

- O MBR pode ter no máximo quatro partições primárias. Por padrão, o GPT suporta até 128 partições.
- Os códigos de identificação de partição com apenas dois dígitos hexadecimais no MBR foram substituídos por códigos *GUID* mais específicos para a finalidade da partição.
- O MBR pode trabalhar com partições de até 2,2 terabytes. O GPT pode trabalhar com partições de até 9,4 zetabytes.

Os comandos que utilizam a biblioteca *libparted*, como o `parted` ou o `gdisk`, são capazes de trabalhar com tabelas GPT. O comando `gdisk` é correlato ao tradicional `fdisk` na maneira de ser utilizado e em finalidade. Ele permite um ajuste mais preciso de várias configurações da tabela GPT.

O `gdisk` converterá automaticamente o MBR para GPT assim que for utilizado para alterar a tabela de partições de um dispositivo. Como com o comando `fdisk`, as modificações serão efetivadas somente depois ao sair da interface de menus com o comando `w`.

Espaço no final do dispositivo

O GPT armazena uma cópia de segurança do cabeçalho de partições no final do dispositivo. Portanto, pode ser necessário reduzir a última partição do dispositivo antes de fazer a conversão para GPT. Serão necessários 33 setores, o que corresponde a pouco mais de 2KB. Portanto, reduzir a última partição em 4KB oferece uma boa margem de segurança. O comando `parted` pode ser utilizado para fazer a redução. O comando `gdisk` oferece um menu de recuperação para gravar e restaurar a cópia de segurança.

Para alterar o dispositivo `/dev/sdb`, basta fornecer o caminho como argumento para o comando `gdisk`:

```
# gdisk /dev/sdb
GPT fdisk (gdisk) version 0.8.8

Partition table scan:
```

```
  MBR: MBR only
  BSD: not present
  APM: not present
  GPT: not present

***************************************************************
Found invalid GPT and valid MBR; converting MBR to GPT format
in memory. THIS OPERATION IS POTENTIALLY DESTRUCTIVE! Exit by
typing 'q' if you don't want to convert your MBR partitions
to GPT format!
***************************************************************

Command (? for help):
```

Assim como no fdisk, o comando p do gdisk exibe informações básicas sobre as partições do dispositivo:

```
Command (? for help): p
Disk /dev/sdb: 2147483648 sectors, 1024.0 GiB
Logical sector size: 512 bytes
Disk identifier (GUID): 1EC3DE34-0A11-4C47-8A8C-01DFEA4681A6
Partition table holds up to 128 entries
First usable sector is 34, last usable sector is 2147483614
Partitions will be aligned on 8-sector boundaries
Total free space is 2028 sectors (1014.0 KiB)

Number  Start (sector)    End (sector)  Size       Code  Name
   1            2048       976562500   465.7 GiB   0700  Microsoft basic data
   2       976562501      2147483600   558.3 GiB   8300  Linux filesystem

Command (? for help):
```

Diferente do padrão MBR, o GPT não utiliza cilindros e blocos como métrica. As unidades são setores e múltiplos de byte. O gdisk resume os códigos GUID das partições em quatro dígitos hexadecimais. Em geral, os códigos são os mesmos do padrão antigo, acrescidos de dois zeros. Também há códigos novos, como o 8302, que pode ser utilizado para a partição correspondente ao diretório /home.

A conversão para GPT será feita ao se encerrar o gdisk com o comando w:

```
Command (? for help): w

Final checks complete. About to write GPT data. THIS WILL OVERWRITE EXISTING
PARTITIONS!!
```

```
Do you want to proceed? (Y/N): Y
OK; writing new GUID partition table (GPT) to /dev/sdb.
The operation has completed successfully.
```

Após a confirmação com Y, a tabela de partições do dispositivo será convertida para GPT. O resultado pode ser verificado com o comando `gdisk -l /dev/sdb`, que exibe informações básicas sobre a tabela de partições do dispositivo:

```
# gdisk -l /dev/sdb
GPT fdisk (gdisk) version 0.8.8

Partition table scan:
  MBR: protective
  BSD: not present
  APM: not present
  GPT: present

Found valid GPT with protective MBR; using GPT.
Disk /dev/sdb: 2147483648 sectors, 1024.0 GiB
Logical sector size: 512 bytes
Disk identifier (GUID): 1EC3DE34-0A11-4C47-8A8C-01DFEA4681A6
Partition table holds up to 128 entries
First usable sector is 34, last usable sector is 2147483614
Partitions will be aligned on 8-sector boundaries
Total free space is 2028 sectors (1014.0 KiB)

Number  Start (sector)    End (sector)  Size       Code  Name
   1            2048       976562500   465.7 GiB   0700  Microsoft basic data
   2       976562501      2147483600   558.3 GiB   8300  Linux filesystem
```

Pode-se observar que as partições mantiveram-se as mesmas, com seus dados preservados. Já a tabela de partições está no padrão GPT. A MBR continua presente, em um estado chamado *protective*. Assim as informações do carregador são mantidas, mas serão atualizadas a partir da tabela GPT. Comandos incompatíveis, como versões antigas do `fdisk`, não poderão mais ser utilizados para editar a tabela de partições de um dispositivo GPT.

Redimensionar partição

Existem situações em que simplesmente descartar os dados de um dispositivo para reparticioná-lo não é uma opção apropriada. Mesmo que seja possível recuperar os dados a partir de cópias de backup, o procedimento pode exigir muitas horas ou mesmo dias de trabalho. Para redimensionar e reformular as partições em um dispositivo, pode ser utilizado o comando `parted`.

O parted é invocado com o caminho do dispositivo como argumento, e ele fornece um ambiente onde todas as operações no dispositivo são efetuadas por comandos. Supondo que seja necessário redimensionar partições do dispositivo /dev/sdb:

```
# parted /dev/sdb
GNU Parted 2.3
Using /dev/sdb
Welcome to GNU Parted! Type 'help' to view a list of commands.
(parted) p
Model: QEMU QEMU HARDDISK (scsi)
Disk /dev/sdb: 1100GB
Sector size (logical/physical): 512B/512B
Partition Table: msdos

Number  Start   End     Size    Type     File system  Flags
 1      1049kB  1100GB  1100GB  primary  ntfs         boot
```

O comando p do parted listou apenas uma partição, com o sistema de arquivos NTFS. Essa partição está ocupando todo o espaço do dispositivo. Seu redimensionamento é realizado com o comando resizepart do parted:

```
(parted) resizepart 1 500GB
Warning: Shrinking a partition can cause data loss, are you sure you want to continue?
Yes/No? Yes
```

Os dois argumentos do comando resizepart são o número da partição, exibido pelo comando p, e o final da partição no dispositivo. O término da partição pode ser especificado com um sufixo para designar a unidade utilizada, como *MB*, *GB* ou *TB*. A operação deve ser confirmada escrevendo-se *YES* quando solicitado, e a partição é redimensionada imediatamente após a confirmação. Os sistemas de arquivos nas partições redimensionadas devem ser ajustados para o novo tamanho da partição. Os sistemas de arquivos *ext3* e *ext4* têm seus tamanhos ajustados com o comando resize2fs.

Novas partições podem ser criadas a partir do próprio parted, com o comando mkpart:

```
(parted) mkpart primary ext4 500GB 1100GB
```

O primeiro argumento definiu a partição como primária; o segundo, o tipo de sistema de arquivos que a partição receberá; e o terceiro e quarto definem o ponto inicial e final da partição, respectivamente. O segundo argumento apenas define o número de identificação apropriado para o sistema de arquivos escolhido (neste caso, 83). Para também criar o sistema de arquivos, deve ser utilizado o comando `mkpartfs` ou o comando próprio de cada sistema de arquivos. O `mkpartfs` tem a mesma sintaxe do `mkpart`.

Antes de redimensionar uma partição, é importante verificar se há espaço livre suficiente na partição que será reduzida. Além disso, os dados da partição que será reduzida devem ser acomodados no começo da partição. Para isso, deve ser utilizada a ferramenta de desfragmentação apropriada para o sistema de arquivos utilizado.

Toda operação que altera as partições do dispositivo pode causar perda de dados, portanto, é recomendável fazer uma cópia de segurança do dispositivo antes de efetuá-las. O próprio `parted` informará sobre os riscos envolvidos nas operações. Para maior facilidade, é possível utilizar uma interface gráfica para o `parted`, como o programa *gparted*.

Criação de sistemas de arquivos

Durante muito tempo, o sistema de arquivos mais utilizado no Linux foi o **ext2** (*second extended*). Hoje são mais indicados os sistemas de arquivos com recurso de *journalling*, como o **ext3**, o **ext4** ou o **xfs**. Para recursos mais sofisticados, como *snapshots* e *checksums*, recomenda-se usar o **Btrfs**.

ext2 para ext3

Um sistema de arquivos **ext2** pode ser convertido para **ext3** sem perda de dados com o comando `tune2fs -j /dev/hdx`. A diferença para um sistema de arquivos com journalling é que esse recurso registra de antemão todas as alterações que realizará no disco. Dessa forma, erros de gravação (normalmente ocasionados por queda de energia ou desligamento incorreto) podem ser mais facilmente diagnosticados e solucionados.

O comando `mkfs` pode criar diversos sistemas de arquivos em partições. A opção `-t` indica o tipo de sistema de arquivos. Para criar uma partição ext3 na partição `/dev/hda3`, utiliza-se `mkfs -t ext3 /dev/hda3`. Há também comandos específicos para cada sistema de arquivos, como `mkfs.ext2`, `mke2fs`, `mkfs.ext3`, `mkfs.xfs`, `mkfs.ext4`, `mkdosfs` e `mkfs.vfat`. Sem parâmetros, o `mkfs` cria um sistema de arquivos *ext2*.

Sistemas de arquivos utilizados para armazenar a árvore de diretório do Linux, sobretudo o sistema de arquivos raiz, devem oferecer alguns recursos básicos para funcionar corretamente. É importante que o sistema de arquivos seja capaz de operar com o modelo de permissões do padrão Unix e aceite arquivos especiais como links simbólicos e hardlinks. Os sistemas de arquivo da família ext e o XFS cumprem esses requisitos e oferecem benefícios extras. Os primeiros reservam 5% do espaço total ao usuário root, evitando que usuários comuns comprometam o sistema ao esgotar o espaço livre disponível. Porém, os sistemas de arquivos da família ext pré-alocam um número fixo de inodes durante a formatação. Isso não acontece quando o sistema de arquivos XFS é utilizado, pois ele gera os inodes sob demanda.

Partição swap

A partição definida como swap deve ser formatada com o comando mkswap antes de ser utilizada. Por exemplo, a partição /dev/sda2 é formatada como área de swap com o comando mkswap /dev/sda2. Depois disso, a partição precisa ser ativada para que seu espaço seja empregado como área de memória. O comando swapon -a ativa todas as partições swap que constarem no arquivo /etc/fstab. As entradas referentes a partições swap em /etc/fstab não têm um diretório indicado como ponto de montagem. Exemplo de entrada swap em /etc/fstab:

```
/dev/sda2 swap swap defaults 0 0
```

Normalmente, todas as partições swap contidas em /etc/fstab são ativadas durante o carregamento do sistema. Para ativar ou desativar a área de swap em /dev/sda2 manualmente, utiliza-se swapon /dev/sda2 e swapoff /dev/sda2, respectivamente. Informações sobre as áreas de swap ativas podem ser encontradas no arquivo /proc/swaps.

104.2 Manutenção da integridade de sistemas de arquivos

Peso 2

Ambientes onde há muita atividade de leitura e escrita de dados em disco podem eventualmente apresentar falhas, principalmente no caso de falhas de hardware ou desligamento abrupto. Por isso é recomendável fazer a checagem e eventual correção esporádica das partições.

Checando o sistema de arquivos

O comando fsck deve ser executado em partições que apresentarem erros ou em dispositivos que foram desligados incorretamente. Como o comando mkfs, o fsck tem a opção -t para especificar o tipo do sistema de arquivos e um comando para cada sistema de arquivos: fsck.ext2, fsck.ext3, fsck.ext4, fsck.xfs, dosfsck etc. Alguns sistemas de arquivos também têm um comando específico, como o comando e2fsck para os sistemas de arquivos da família ext e o comando xfs_repair para o XFS.

A partição deverá estar desmontada ou montada como somente leitura (*ro*) para a verificação, bastando informar o caminho para a partição como argumento para o comando `fsck`. No caso do sistema de arquivos XFS, não basta que o sistema de arquivos esteja montado como somente leitura para fazer a verificação, sendo necessário desmontar o sistema de arquivos.

Os comandos de checagem dos sistemas de arquivos ext2, ext3 e ext4 operam no modo interativo. Isso significa que será necessário escolher a ação quando um erro for encontrado. Para realizar a correção automaticamente, o comando `e2fsck` deve ser executado com as opções `-p` (ou `-a`) e `-y`. A opção `-p` tomará a providência recomendada para a correção do problema, e a opção `-y` assume a confirmação para todos os procedimentos.

Examinando e modificando o sistema de arquivos

Um dos comandos mais importantes para a inspeção de sistemas de arquivos é o `debugfs`, um depurador interativo de sistemas de arquivos ext2, ext3 e ext4. Com ele é possível realizar tarefas de baixo nível, como mudar propriedades de diretórios, examinar dados de *inodes*, apagar arquivos, criar links, mostrar o log de journalling etc. É usado em casos extremos, geralmente quando o `fsck` não foi capaz de solucionar um problema.

Outros comandos importantes para inspecionar e alterar sistemas de arquivos são:

`stat`

Exibe informações detalhadas sobre o sistema de arquivos. Também pode ser utilizado para obter informações de um arquivo específico, como seu número inode, permissões etc.

`dumpe2fs`

Mostra informações de grupo de blocos e de superblocos do sistema de arquivos.

`tune2fs`

Configura parâmetros ajustáveis em sistemas de arquivos da família ext, como rótulo e a frequência em que é feita a checagem do sistema de arquivos. Por exemplo, o comando `tune2fs -c 30 /dev/sda1` fará com que o sistema de arquivos na partição `/dev/sda1` seja checada a cada 30 dias. A checagem é feita durante o carregamento do sistema, por isso a checagem automática não é realizada caso o sistema não seja reiniciado no período.

Esses comandos são específicos para os sistemas de arquivos ext2, ext3 e ext4. Para o sistema de arquivos xfs, existem dois comandos semelhantes: `xfs_metadump` e `xfs_info`. O `xfs_metadump` extrai todos os dados referentes ao sistema de arquivos em si (com exceção dos próprios arquivos e diretórios). Já o `xfs_info` exibe as características e outras informações estatísticas sobre o sistema de arquivos xfs em questão.

Análise de espaço em disco

Dois comandos são essenciais para analisar o espaço em disco ocupado por arquivos em uma partição, o `df` e o `du`:

`df`

Mostra o espaço ocupado e o disponível em cada dispositivo. A análise é feita diretamente no dispositivo. Por padrão, mostra o espaço em unidades de 1KB. A opção `-h` o faz usar medidas apropriadas para tornar a saída mais inteligível, como megabytes ou gigabytes. Com a opção `-T`, exibe também o tipo dos sistemas de arquivos de cada dispositivo. A opção `-i` exibe o uso de *inodes* em cada sistema de arquivos montado. Cada novo arquivo ou diretório consome um inode livre do sistema de arquivos.

`du`

Mostra o espaço ocupado por arquivos e/ou diretórios. Sem argumentos, mostra o uso de cada diretório no sistema. Um diretório específico pode ser indicado como argumento. Com a opção `-s`, não serão exibidos os tamanhos de subdiretórios e seus arquivos. A opção `-h` usa medidas apropriadas para tornar a saída mais inteligível.

104.3 Controle da montagem e desmontagem dos sistemas de arquivos

Peso 3

Um sistema de arquivos fica disponível para leitura e escrita somente depois de ter sido montado em um diretório, chamado *ponto de montagem*. Os sistemas de arquivos serão montados automaticamente durante o carregamento do sistema somente se estiverem corretamente indicados no arquivo `/etc/fstab`. Mesmo quando são montados manualmente, é útil que exista uma entrada correspondente no arquivo `/etc/fstab`.

O arquivo fstab

No arquivo `/etc/fstab` são definidas as partições, o tipo de sistema de arquivos, o ponto de montagem e as opções. Cada linha corresponde a um ponto de montagem e contém os seguintes termos, separados por tabulações ou espaços:

1. Partição do dispositivo. Pode ser utilizado *LABEL=* ou *UUID=* para determinar o dispositivo. Em partições GPT, também é possível utilizar *PARTUUID=* com o UUID da partição, que permanece igual mesmo se o sistema de arquivos correspondente for modificado.
2. Ponto de montagem (*swap* se tratar-se de uma área de troca).

3. O tipo de sistema de arquivos. O termo *auto* determina que o sistema de arquivos deve ser identificado automaticamente.
4. Opções de montagem.
5. dump (0 ou 1): determina se o dispositivo deverá ser considerado pelo comando `dump`. Se ausente, 0 é considerado.
6. fsck (1 ou 2): determina a ordem da checagem feita pelo `fsck` durante a inicialização. Para a partição raiz, deve ser 1. Se ausente, 0 é presumido, e a checagem não será feita no boot.

É recomendável indicar a partição pelo *UUID* ou *LABEL* do sistema de arquivos para evitar a falha de montagem caso o caminho para a partição em `/dev/` tenha se alterado. Isso pode ocorrer quando outro dispositivo é instalado no mesmo barramento ou quando a ordem dos dispositivos é alterada no BIOS.

Os UUIDs dos sistemas de arquivos podem ser consultados com os comandos `blkid` ou `lsblk`. No caso do comando `lsblk`, deve ser usada a opção `-f` ou `--fs` para listar os detalhes dos sistemas de arquivos. Para exibir somente os UUIDs dos sistemas de arquivos, utiliza-se `lsblk -o NAME,UUID` ou `lsblk --output NAME,UUID`:

```
$ lsblk --output NAME,UUID
NAME        UUID
sda
└sda1       d9060108-03a0-41d6-9dd2-cecbfd8fa781
└sda2       b6895657-c4fe-4eca-bc80-4cc53fa967dc
sdb
└sdb1       e6d6e06f-d21f-4222-b14b-a7aabd8b5d80
└sdb2       e94ecc23-9b13-4f48-a6e0-d6285c9d600c
sdc
└sdc1       6d67b782-269b-41bc-8add-327653660119
  └Externo 5cdd1d25-f478-4d7a-bfa4-b7f49bd9d800
```

O acesso às partições via UUID também pode ser feito diretamente pelo diretório `/dev/disk/by-uuid/`, que contém links simbólicos apontando para os caminhos tradicionais das partições em `/dev/`.

Unidades de montagem

Em sistemas que utilizam o systemd, a montagem dos sistemas de arquivos é monitorada por unidades de montagem. As unidades de montagem podem substituir as configurações definidas em `/etc/fstab`, mas, via de regra, os dois sistemas são usados em conjunto. O systemd cria automaticamente unidades de montagem para todas as entradas em `/etc/fstab` e para todos os sistemas de arquivos que forem montados. As opções de montagem em `/etc/fstab` precedidas de `x-systemd.` são interpretadas como opções especiais utilizadas pela unidade de montagem correspondente.

As unidades de montagem são nomeadas a partir do ponto de montagem e recebem o sufixo `.mount`. Por exemplo, a unidade de montagem associada ao ponto de montagem `/home/luciano/Externo` será `home-luciano-Externo.mount`. Dessa forma, a montagem dos sistemas de arquivos pode ser controlada como um serviço do sistema, com o comando `systemctl`. Por exemplo, a unidade de montagem `home-luciano-Externo.mount` é montada com `systemctl start home-luciano-Externo.mount` e desmontada com `systemctl stop home-luciano-Externo.mount`.

Opções de montagem

Algumas opções de montagem podem ser específicas para cada sistema de arquivos, e outras podem ser aplicadas a qualquer sistema de arquivos. Algumas destas últimas estão descritas a seguir.

rw

Dados poderão ser escritos no sistema de arquivos.

ro

Dados não poderão ser escritos no sistema de arquivos. É permitida apenas a leitura.

noauto

Não montar automaticamente o sistema de arquivos.

users

O sistema de arquivos poderá ser montado e desmontado por usuários comuns.

user

O sistema de arquivos poderá ser montado e desmontado por usuários comuns, mas apenas o usuário que montou o sistema de arquivos terá permissão para desmontá-lo.

owner

A propriedade dos arquivos e diretórios no sistema de arquivos montado serão atribuídas ao usuário que o montou.

Para permitir que usuários comuns montem e desmontem dispositivos, como dispositivos removíveis USB, deve-se incluir a opção *user* para o respectivo sistema de arquivos no arquivo `/etc/fstab`. Em distribuições para *Desktop*, a montagem é feita automaticamente em diretório como `/media`, e não há necessidade de definir um ponto de montagem para mídias removíveis no arquivo `/etc/fstab`.

Montagem manual

A montagem manual de sistemas de arquivos é importante quando não estiver configurada uma entrada em `/etc/fstab` para uma determinada partição ou quando é feito o redesenho das partições do sistema operacional. O comando universal de montagem de dispositivos é o `mount`.

Para montar manualmente um sistema de arquivos que conste em /etc/fstab, basta fornecer para o comando mount a localização da partição ou do ponto de montagem. Para desmontar um dispositivo, o comando umount é utilizado, tendo como argumento o dispositivo ou o ponto de montagem a ser desmontado. Usado com a opção -a, o mount monta todos os dispositivos em /etc/fstab, exceto aqueles marcados com a opção noauto.

A maioria das opções de montagem são as mesmas para o arquivo /etc/fstab e para o comando mount. As opções para o comando mount são indicadas com -o, e se mais de uma opção for fornecida, estas deverão ser separadas por vírgula. Por exemplo, um sistema de arquivos já montado pode ser remontado com opções diferentes:

```
mount -o remount,ro /home
```

Neste exemplo, o sistema de arquivos já montado em /home é remontado como somente leitura em função das opções *remount* e *ro*, respectivamente.

Quando usado sem argumentos, o mount mostra os dispositivos montados e outros detalhes, como ponto de montagem e tipo do sistema de arquivos. Essas mesmas informações ficam contidas nos arquivos /proc/self/mounts e /proc/mounts.

O comando mount também pode ser utilizado para vincular um diretório e seu conteúdo em outro diretório. A operação é semelhante à montagem convencional, mas no lugar de uma partição é utilizado um diretório presente em um sistema de arquivos já montado. Por exemplo, o comando mount --bind ~/Externo/Downloads ~/Downloads torna o conteúdo do diretório ~/Externo/Downloads acessível para leitura e escrita pelo diretório ~/Downloads.

104.4 Gerenciamento de cotas de disco

O objetivo 104.4 foi removido na versão 5.0 do exame LPIC-1.

104.5 Controlar permissões e propriedades de arquivos

Peso 3

Em sistemas de arquivos do padrão Unix, existem regras de permissões que determinam a quem pertence um determinado arquivo ou diretório e quais usuários ou grupos de usuários podem utilizá-los. Para arquivos e diretórios, há três níveis de permissão de acesso:

- Usuário dono do arquivo (**u**).
- Grupo dono do arquivo (**g**).
- Demais usuários — *outros* — (**o**).

O diretório /var/run contém arquivos com diferentes tipos de permissões, identificadas na primeira coluna:

```
drwx------  2 root     root      40 fev 26 10:08 cryptsetup
drwxr-xr-x  3 root     lp        80 fev 26 10:08 cups
srw-rw-rw-  1 root     root       0 fev 26 10:08 .heim_org.h5l.kcm-socket
drwxrwxr-x  2 lightdm  lightdm   40 fev 26 10:08 lightdm
drwxr-x---  2 root     root      40 fev 26 10:08 pptp
-rw-r--r--  1 root     root       4 fev 26 10:08 crond.pid
drwx------  2 root     root      40 fev 26 10:51 udisks2
srw-rw-rw-  1 root     root       0 fev 26 10:08 secrets.socket
drwxr-x---  2 chrony   chrony    80 fev 27 09:00 chrony
prw-------  1 root     root       0 fev 26 10:08 dmeventd-server
drwx------  2 rpc      rpc       60 fev 26 10:08 rpcbind
drwxrwxr-x  2 root     root      40 fev 26 10:08 netreport
-rw-r--r--  1 root     root       5 fev 27 09:00 dhclient6-enp0s25.pid
prw-------  1 root     root       0 fev 26 10:08 initctl
```

A primeira letra representa o tipo do arquivo, podendo ser:

- -: Arquivo convencional.
- d: Diretório.
- l: Link simbólico.
- c: Dispositivo especial de caracteres.
- p: Canal *fifo*.
- s: *Socket*.

As demais letras são divididas em grupos de três, determinando as permissões para o dono do arquivo, o grupo do arquivo e demais usuários, respectivamente. O arquivo crond.pid, por exemplo, tem permissão rw- para o dono do arquivo (o usuário *root*), permissão r-- para o grupo (o grupo *root*) e permissão r-- para os demais usuários.

Modificar donos e grupos de arquivos

Para alterar donos e grupos de arquivos e diretórios, utiliza-se os comandos chown e chgrp. O primeiro argumento é um nome válido de usuário ou grupo, e o segundo é o arquivo ou diretório a ser alterado. Apenas o usuário root pode usar o comando chown, mas qualquer usuário pode usar o comando chgrp em seus arquivos e diretórios, desde que faça parte do grupo que será atribuído.

Apenas o usuário *root* pode alterar a propriedade e permissões de arquivos e diretórios de outros usuários. Usuários comuns podem alterar as permissões somente de seus próprios arquivos e diretórios. Por exemplo, para o usuário root mudar o dono de arquivo usando o chown:

```
chown luciano documentos.tar.gz
```

De modo semelhante, para mudar o grupo de arquivo:

```
chgrp users documentos.tar.gz
```

Para alterar o usuário e o grupo simultaneamente:

```
chown luciano.users documentos.tar.gz
```

ou

```
chown luciano:users documentos.tar.gz
```

Tanto chown quanto chgrp têm a opção -R para alterar conteúdos de diretórios recursivamente.

Alterando permissões de acesso

As permissões são alteradas com o comando chmod e podem ser de leitura (**r**), escrita (**w**) e execução (**x**). Por exemplo, o grupo ao qual pertence um arquivo chamado documentos.tar.gz terá apenas acesso de leitura a este, e para os demais usuários será retirada a permissão de leitura:

```
chmod g=r,o-r documentos.tar.gz
```

Para incluir permissão de escrita para o grupo do arquivo documentos.tar.gz:

```
chmod g+w documentos.tar.gz
```

Apesar de terem o mesmo modelo de permissões, arquivos e diretórios comportam-se de maneiras diferentes tendo as mesmas permissões. Em diretórios, a permissão **r** possibilita ler o conteúdo do diretório, a permissão **w** permite criar arquivos dentro do diretório, e **x** permite listar o conteúdo do diretório. No caso de links simbólicos, a alteração das permissões é aplicada ao arquivo alvo do link e não afeta as permissões do link em si.

Permissões numéricas (octais)

Permissões podem ser manejadas de modo mais sucinto por meio de um formato numérico, chamado *octal*. O número octal consiste em uma sequência de quatro dígitos. O primeiro dígito representa uma permissão especial, abordada adiante. Os demais representam as permissões para o usuário, grupo e outros, nessa ordem.

Cada dígito indica a presença de uma permissão a partir da soma dos valores 4, 2 e 1. Esses valores correspondem à leitura, escrita e execução. A tabela a seguir mostra todas as permissões possíveis, desde 0 (nenhuma permissão) até 7 (todas as permissões).

Dígito	Leitura (valor 4)	Escrita (valor 2)	Execução (valor 1)
0	—	—	—
1	—	—	Sim
2	—	Sim	—
3	—	Sim	Sim
4	Sim	—	—
5	Sim	—	Sim
6	Sim	Sim	—
7	Sim	Sim	Sim

Dessa forma, o comando `chmod 0664 arquivos.tar.gz` mudará as permissões do arquivo `documentos.tar.gz` para `-rw-rw-r--`, ou seja, leitura e escrita para o usuário, leitura e escrita para o grupo e somente leitura para os demais.

Para mudar recursivamente todos os arquivos dentro de um diretório especificado, utiliza-se o `chmod` com a opção `-R`.

Máscara de permissões umask

A máscara de permissões *umask* é o filtro que determina quais serão as permissões de arquivos e diretórios. Ou seja, as permissões para novos arquivos e diretórios são determinadas a partir dela. Toda vez que um novo arquivo é criado por um usuário ou programa, suas permissões serão calculadas subtraindo-se as permissões padrão pelo valor de `umask`. As permissões padrão do sistema novo para arquivos são **0666**, e para diretórios, **0777**.

O comando `umask`, sem argumentos, mostra a máscara atual de criação de arquivos. Para mudar o valor de `umask` para a sessão atual, basta fornecer a nova máscara como argumento. Em sistemas em que os grupos iniciais dos usuários são particulares, a máscara poderá ser 0002, o que subtrairá das permissões padrão do sistema a permissão 2 (*w*, *escrita*), na categoria *outros* (*o*). Dessa forma, os arquivos serão criados com as permissões 0664. No caso dos diretórios, a permissão será 0775.

Em sistemas em que o grupo inicial de todos os usuários é o mesmo, como o grupo *users*, a máscara poderá ser *0022*, o que subtrairá das permissões padrão do sistema a permissão 2 (*w*, *escrita*), nas categorias *grupo* (*g*) e *outros* (*o*). Dessa forma, os arquivos serão criados com as permissões 0644, limitando a permissão de escrita apenas ao usuário dono do arquivo. No caso dos diretórios, a permissão será 0755.

Permissões suid e sgid

Em um ambiente Unix, todos os processos são vinculados ao usuário que os iniciou. Dessa forma, o programa herdará as mesmas permissões de leitura e escrita do usuário que o executou. Algumas tarefas, no entanto, exigem que o processo altere ou acesse arquivos para os quais o usuário não tem a permissão necessária. Por exemplo, alterar a própria senha exige que o arquivo `/etc/shadow` seja alterado, mas as permissões de `/etc/shadow` limitam a escrita ao usuário dono desse arquivo (o usuário *root*):

```
$ ls -l /etc/shadow
-rw-r----- 1 root shadow 1172 Mai 15  2017 /etc/shadow
```

Para contornar essa condição, existe um tipo de permissão especial, chamada **suid** (*set user id*). Arquivos executáveis que tenham a permissão suid serão executados com as mesmas permissões do dono do *comando*, e não com as permissões do usuário que o executou. A permissão suid é representada pela letra **s** no lugar do *x* na porção referente ao dono do arquivo:

```
$ ls -l /usr/bin/passwd
-rwsr-xr-x 1 root root 54192 Fev 24  2017 /usr/bin/passwd
```

Para incluir a permissão suid em um arquivo executável, utiliza-se:

```
chmod u+s comando
```

De maneira semelhante, a permissão **sgid** pode atuar em diretórios com a opção `g+s`. Ela é uma permissão de grupo, portanto, aparece no campo de permissões referente ao grupo. Em um diretório com a permissão sgid, todos os arquivos ali criados pertencerão ao grupo do diretório em questão, o que é especialmente útil em diretórios em que trabalham usuários pertencentes ao mesmo grupo.

Quando ativas, as permissões suid e sgid fazem aparecer a letra **s** no lugar da letra x nas permissões de dono do arquivo e grupo do arquivo, respectivamente. Se a permissão de execução também existir, aparecerá a letra **s** minúscula. Se apenas as permissões suid e sgid existirem, aparecerá a letra **S** maiúscula.

A permissão sticky (aderência)

O inconveniente em usar diretórios compartilhados é que um usuário poderia apagar algum ou todo o conteúdo inadvertidamente. Para evitar que isso aconteça, existe a permissão *sticky*, que impede usuários de apagar arquivos não criados por eles mesmos. É o caso do diretório /tmp, cujas propriedades podem ser verificadas com o comando ls -l mais a opção -d, que permite obter informações do próprio diretório em questão, e não de seu conteúdo:

```
$ ls -ld /tmp
drwxrwxrwt 17 root root 36864 Fev 27 11:32 /tmp
```

A letra **t** nas permissões para demais usuários demonstra o uso da permissão sticky. Se apenas a permissão sticky existir, aparecerá a letra **T** maiúscula.

Para atribuir a permissão sticky em um diretório chamado trabalho, portanto, pode ser utilizado um comando como chmod o+t trabalho ou simplesmente chmod +t trabalho.

Permissões especiais em formato numérico

Como as opções convencionais, as permissões especiais também podem ser manipuladas em formato octal (numérico). A permissão especial é o primeiro dos quatro dígitos da opção no formato octal. A tabela a seguir detalha essa correspondência.

Dígito	suid (valor 4)	sgid (valor 2)	sticky (valor 1)
0	—	—	—
1	—	—	Sim
2	—	Sim	—
3	—	Sim	Sim
4	Sim	—	—
5	Sim	—	Sim
6	Sim	Sim	—
7	Sim	Sim	Sim

Por exemplo, o comando que ativa o *sgid* no diretório *trabalho* chmod u=rwx,g=rwxs,o=rx trabalho equivale ao comando chmod 2775 trabalho. De modo semelhante, o comando que ativa com chmod u=rwx,g=rwx,rwxt trabalho equivale a chmod 1777 trabalho.

104.6 Criar e alterar links simbólicos e hardlinks

Peso 2

Links são arquivos especiais que têm finalidade de atalho para outros arquivos, facilitando a maneira como são acessados. Existem dois tipos de links: o *softlink* (link simbólico) e o *hardlink* (link físico).

Hardlinks (links físicos)

Hardlinks são um ou mais nomes que um *inode* do sistema de arquivos pode ter. Um inode é o elemento básico que identifica o arquivo no sistema de arquivos. O primeiro inode de um arquivo carrega suas propriedades e indica em quais outros inodes do sistema de arquivos os dados desse arquivo estão localizados. Todo arquivo criado é, necessariamente, um hardlink para seu inode correspondente. Novos hardlinks são criados usando-se o comando `ln`:

```
ln arquivos.tar.gz files.tar.gz
```

A opção `-i` do comando `ls` mostra o número dos inodes dos arquivos:

```
$ ls -i
6534 arquivos.tar.gz  6531 dois.txt  6534 files.tar.gz  6536 trabalho  6532 um.txt
```

Ambos `arquivos.tar.gz` e `files.tar.gz` são hardlinks para o mesmo inode 6534. Hardlinks para o mesmo inode têm mesma permissão, donos, tamanho e data, pois esses atributos são registrados diretamente nos inodes.

```
$ ls -l arquivos.tar.gz
-rw-r--r-- 2 luciano luciano 188 Oct 16 22:10 arquivos.tar.gz
```

O número **2** na segunda coluna de informações demonstra que há dois hardlinks para o inode correspondente ao arquivo `arquivos.tar.gz`. Um arquivo só é de fato apagado do sistema de arquivos quando o último hardlink remanescente é excluído.

Hardlinks só podem ser criados dentro de um mesmo sistema de arquivos. Não é possível criar hardlinks para diretórios. Os arquivos especiais . e .. são hardlinks para diretório criados exclusivamente pelo próprio sistema.

Softlinks (links simbólicos)

Links simbólicos podem apontar para qualquer alvo, inclusive em sistemas de arquivos diferentes. Para criar um link simbólico, usa-se `ln` com a opção `-s`:

```
ln -s arquivos.tar.gz a.tar.gz
```

Detalhes do link:

```
$ ls -l a.tar.gz
lrwxrwxrwx 1 luciano luciano 15 Oct 21 21:06 a.tar.gz -> arquivos.tar.gz
```

Um link simbólico é indicado pela letra `l` no início das permissões, que, nesse caso, são sempre `rwxrwxrwx`. O tamanho do arquivo de link é exatamente a quantidade de bytes (caracteres) do caminho alvo. A seta ao lado do nome do link simbólico indica o caminho até o alvo.

Um link simbólico para um caminho relativo será quebrado se o alvo ou o próprio link for movido, e um link simbólico para um caminho absoluto só será quebrado se o alvo for movido ou apagado. Para atualizar a informação de alvo de um link simbólico existente mas "quebrado", recria-se o link com a opção `-f`.

Funções comuns para links simbólicos são indicar caminhos longos frequentemente usados, criar nomes mais simples para arquivos executáveis e nomes adicionais para bibliotecas de sistema.

104.7 Encontrar arquivos de sistema e conhecer sua localização correta

Peso 2

Todo arquivo no sistema tem uma localização adequada, que varia conforme sua finalidade. Em sistemas Linux, o padrão que define a localização dos arquivos e diretórios chama-se *Filesystem Hierarchy Standard*, **FHS**.

FHS

O FHS (do inglês *Filesystem Hierarchy Standard* ou *Hierarquia Padrão de Sistemas de arquivos*) é o padrão de localização de arquivos adotados pela maioria das distribuições Linux. Cada um de diretórios serve a um propósito, sendo divididos entre os que devem existir na partição raiz e os que podem ser pontos de montagem para outras partições ou dispositivos.

A seguir, os diretórios que residem obrigatoriamente na partição raiz.

`/bin e /sbin`

Contêm os programas necessários para carregar o sistema e comandos especiais.

`/etc`

Arquivos de configuração do sistema operacional local.

`/lib`

Bibliotecas compartilhadas pelos programas em `/bin` e `/sbin` e módulos do kernel.

`/mnt e /media`

Pontos de montagem para outras partições ou dispositivos.

`/proc e /sys`

Diretórios especiais com informações de processos e hardware.

`/dev`

Arquivos de acesso a dispositivos e outros arquivos especiais.

A seguir estão descritos os diretórios que podem ser pontos de montagem.

`/boot`

Kernel e mapas do sistema e os carregadores de boot de segundo estágio.

`/home`

Os diretórios dos usuários.

`/root`

Diretório do usuário root.

`/tmp`

Arquivos temporários.

`/usr/local e /opt`

Programas adicionais compilados pelo administrador. Também podem conter as bibliotecas necessárias para os programas adicionais.

`/var`

Dados de programas e arquivos relacionados, arquivos de log, bancos de dados e arquivos de sites. Pode conter diretórios compartilhados.

Localizando arquivos

Além do comando `find`, outro programa importante para a tarefa de encontrar um arquivo é o comando `locate`. Sua utilização é simples, e todo caminho de arquivo ou diretório contendo a expressão fornecida como argumento será localizado.

A busca com o `locate` é significativamente mais rápida em relação ao `find`, pois ele realiza a busca em seu banco de dados, e não diretamente no sistema de arquivos. Esse banco de dados precisa ser regularmente atualizado por meio do comando `updatedb`, o que é geralmente feito por um agendamento diário, mas que pode ser executado manualmente.

O arquivo de configuração do updatedb é o /etc/updatedb.conf. Nele constam informações como quais diretórios e sistemas de arquivos ignorar na atualização do banco de dados.

O comando which é usado para retornar o caminho completo para o comando fornecido como argumento e realiza a busca apenas nos diretórios definidos na variável de ambiente PATH. Para obter mais informações, pode ser utilizado o comando whereis, que retorna os caminhos para o arquivo executável, o código-fonte e a página manual referente ao comando solicitado, se houver.

QUESTIONÁRIO

Tópico 104

Revise os temas abordados:

- Criar partições e sistemas de arquivos
- Manutenção da integridade de sistemas de arquivos
- Controlar a montagem e desmontagem dos sistemas de arquivos
- Controlar permissões e propriedades de arquivos
- Criar e alterar links simbólicos e hardlinks
- Encontrar arquivos de sistema e conhecer sua localização correta

Para responder ao questionário, acesse

https://lcnsqr.com/@aifgk

Tópico 105:

Shells e scripts do shell

Principais temas abordados:

- Configuração e personalização do ambiente shell.
- Criação e edição de scripts.

105.1 Personalizar e trabalhar no ambiente shell

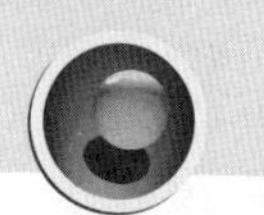

Peso 4

O shell é ao mesmo tempo uma interface de interação com o computador e um ambiente de programação. Há diferentes opções de shell, mas o mais utilizado pela maioria das distribuições é o **Bash**, que é o shell abordado nos exames LPI.

Existem duas maneiras básicas de invocar o Bash: em uma sessão interativa e em uma sessão não interativa. Uma sessão interativa é iniciada assim que o usuário faz o login pela linha de comando ou quando abre uma janela de emulador de terminal no ambiente gráfico. Uma sessão não interativa é utilizada durante a execução de um *script* do Bash.

Muitos aspectos do Bash podem ser personalizados para oferecer uma melhor experiência aos usuários do sistema, seja por meio de arquivos de configuração aplicados a todos os usuários do sistema ou por meio de arquivos de configuração específicos a cada usuário.

Configuração da sessão

Quando uma sessão interativa é iniciada após o login (ou quando o Bash é executado utilizando-se a opção `--login` ou `-l`), o Bash primeiro lê e executa as instruções no arquivo `/etc/profile` e nos arquivos em `/etc/profile.d/*.sh`, se existirem. Esses arquivos contêm definições que serão aplicadas às sessões interativas com login de todos os usuários do sistema. As configurações específicas de cada usuário são armazenadas nos arquivos `~/.bash_profile`, `~/.bash_login` e `~/.profile`, executados nessa mesma ordem pelo Bash.

A principal finalidade desses arquivos é definir as variáveis de ambiente que serão utilizadas para configurar a sessão do Bash. É no arquivo `/etc/profile`, por exemplo, que deve ser definida a variável **PATH**, que contém a lista dos diretórios com os comandos presentes no sistema. O conteúdo dos arquivos de configuração é executado como uma sequência de comandos, por isso todas as definições devem utilizar a sintaxe correta de comandos do Bash.

O usuário pode personalizar o ambiente do shell editando os arquivos de configuração do Bash em seu diretório pessoal. Por exemplo, o diretório `~/bin` pode ser adicionado à variável de ambiente PATH ao incluir a linha `export PATH=$PATH:~/bin` no arquivo `~/.bash_profile`. Definir a variável com `export` é importante para que novas sessões, interativas ou não, iniciadas a partir da sessão de login herdem a variável de ambiente.

O comando env exibe todas as variáveis de ambiente definidas para a sessão atual. O env também pode ser utilizado para suprimir uma variável de ambiente durante a execução de um comando específico, com a opção -u: env -u VARIAVEL comando. Para modificar o conteúdo de uma variável de ambiente apenas para a execução de um comando específico, o env pode ser invocado na forma env VARIAVEL=valor comando.

Assim que a sessão interativa do shell termina, seja ao executar o comando exit ou ao pressionar as teclas **ctrl** + **d**, o Bash executa as instruções dos arquivos /etc/bash.bash_logout e ~/.bash_logout, se os arquivos existirem. Por exemplo, incluir o comando clear no arquivo /etc/bash.bash_logout removerá todo o conteúdo remanescente na tela quando qualquer usuário finalizar sua sessão.

Uma nova sessão interativa do shell é iniciada toda vez que o aplicativo emulador de terminal é executado no ambiente gráfico. Contudo, essas sessões interativas iniciadas sem login são configuradas com o arquivo ~/.bashrc, se esse arquivo existir. A principal finalidade do ~/.bashrc é conter definições de **aliases** e **funções** úteis ao usuário.

Para utilizar as definições desse arquivo também nas sessões interativas com login, a linha source ~/.bashrc ou . ~/.bashrc deve ser incluída no arquivo ~/.bash_profile. A utilização do comando source ou do ponto (seguido de espaço) evita que uma nova sessão não interativa seja invocada para rodar o arquivo em questão, fazendo com que os comando contidos no arquivo ~/.bashrc sejam executados diretamente na sessão atual do shell.

Por padrão, os arquivos de configuração do Bash individuais para cada usuário não existem e devem ser criados pelos próprios usuários para fazer as personalizações no ambiente. Contudo, arquivos predefinidos podem ser copiados automaticamente assim que suas contas forem criadas. Para isso, basta que o administrador do sistema mantenha os respectivos arquivos no diretório /etc/skel, usado como base para a criação de novas contas. O usuário poderá modificar e incluir novas definições nesses arquivos predefinidos copiados para seu diretório pessoal.

Aliases e funções

O Bash permite definir *aliases* para personalizar a execução de comandos existentes. Um alias é útil para definir comandos personalizados e para facilitar a entrada de comandos recorrentes que usam muitos argumentos. Usar o comando alias sem argumentos mostra quais definições de alias estão atualmente definidas:

```
$ alias
alias egrep='egrep --color=auto'
alias fgrep='fgrep --color=auto'
alias grep='grep --color=auto'
alias l.='ls -d .* --color=auto'
```

```
alias ll='ls -l --color=auto'
alias ls='ls --color=auto'
alias vi='vim'
```

O exemplo mostra diversos aliases, principalmente para o comando ls. A definição de um alias é parecida com a definição de uma variável, bastando utilizar o comando alias na atribuição: alias nome='comando'. Os aliases podem ter qualquer nome, desde que não contenham espaços ou caracteres especiais, como pontos de exclamação ou interrogação.

Tarefas mais complicadas podem ser colocadas em uma *função* do shell. Funções podem ser escritas diretamente na linha de comando, como no exemplo a seguir:

```
$ function reduzir_pdf(){
> gs -q -dNOPAUSE -dBATCH \
> -sDEVICE=pdfwrite -dCompatibilityLevel=1.4 \
> -dPDFSETTINGS=/screen -sOutputFile="$2" "$1"
> }
```

Nesse exemplo, a função reduzir_pdf contém o comando gs, que recebe diversas opções — separadas em mais de uma linha — para reduzir o tamanho de um arquivo PDF. O caractere ">" no início da linha indica o modo de edição do shell, encerrado ao colocar a chave "}" que fecha a função. Essa função também poderia ser definida sem entrar no modo de edição com o seguinte comando:

```
function reduzir_pdf(){ gs -q -dNOPAUSE -dBATCH \
-sDEVICE=pdfwrite -dCompatibilityLevel=1.4 \
-dPDFSETTINGS=/screen -sOutputFile="$2" "$1"; }
```

A função é executada como um comando convencional, podendo receber parâmetros. As varáveis de posição $1 e $2 correspondem ao primeiro e segundo parâmetro fornecidos para a função. Portanto, o comando reduzir_pdf Original.pdf Reduzido.pdf produz o arquivo PDF reduzido *Reduzido.pdf* a partir do arquivo *Original.pdf*.

Para que novos aliases e funções possam ser utilizados em futuras sessões do Bash, basta incluí-los no arquivo ~/.bashrc. A função reduzir_pdf, por exemplo, pode ser escrita em ~/.bashrc na forma:

```
function reduzir_pdf(){
  gs -q -dNOPAUSE -dBATCH \
  -sDEVICE=pdfwrite -dCompatibilityLevel=1.4 \
  -dPDFSETTINGS=/screen -sOutputFile="$2" "$1"
}
```

O termo function pode ser suprimido da definição da função quando são incluídos os parênteses (). Se o termo function for utilizado, o uso dos parênteses é opcional. Uma função existente pode ser removida da sessão atual com o comando unset. Por exemplo, para apagar a função reduzir_pdf, utiliza-se unset reduzir_pdf.

105.2 Editar e escrever scripts simples

Peso 4

Scripts são arquivos que agem como programas, passando instruções a um interpretador para realizar determinada tarefa. No caso dos scripts interpretados pelo Bash, consistem em instruções e comandos muito sofisticados para um alias ou apenas uma função. Diferente de programas compilados, scripts são arquivos de texto que podem ser manipulados em qualquer editor de texto puro.

Definição do interpretador

A primeira linha do arquivo de script deve especificar o interpretador, que é indicado pelos caracteres #! (termo conhecido como *shebang*). Para um script com instruções para o shell Bash, a primeira linha deverá ser #!/bin/bash. Assim, o interpretador para todas as instruções subsequentes será o programa /bin/bash. Com exceção da primeira linha, todas as demais linhas começando com # são ignoradas e podem ser utilizadas como lembretes e comentários.

Variáveis especiais e comuns

Os argumentos passados para um script e outras informações úteis são retornados pela variável especial *$x*, onde *x* determina qual valor retornar:

$*

Todos os valores passados como argumentos.

$#

O número de argumentos.

$0

O nome do arquivo de script.

$n

O valor do argumento na posição n. A variável **$1** corresponde ao primeiro argumento, **$2** ao segundo argumento e assim sucessivamente.

$!

PID do último programa executado.

$$

PID do shell atual.

$?

Código numérico de saída do último comando. No padrão Unix, um código de saída igual a 0 significa que o último comando foi executado sem erros. O mesmo vale para o código de saída de scripts do shell.

As variáveis em scripts obedecem às mesmas regras das variáveis de sessão do shell, podendo armazenar valores inseridos manualmente ou saídas geradas por outros comandos. Para solicitar valores ao usuário durante a execução do script, é utilizada a instrução read:

```
echo "Deseja continuar (s/n)?"
read RESPOSTA
```

O valor retornado será armazenado na variável RESPOSTA. Caso uma variável de retorno não seja especificada, o nome padrão da variável de retorno, REPLY, será utilizado. É possível utilizar o comando read para ler mais de uma variável ao mesmo tempo:

```
echo "Informe seu nome e sobrenome:"
read NOME SOBRENOME
```

Neste caso, cada termo separado por espaço será atribuído às variáveis *NOME* e *SOBRENOME*. Caso o número de termos fornecidos seja maior que o número de variáveis, os termos excedentes serão armazenados na última variável.

Para armazenar a saída de um comando, são utilizadas aspas simples invertidas:

```
OS=`uname -o`
echo "Rodando em $OS"
```

Resultado idêntico será produzido com $():

```
OS=$(uname -o)
echo "Rodando em $OS"
```

Operações matemáticas com números inteiros são feitas utilizando a instrução expr:

```
SOMA=`expr $VALOR1 + $VALOR2`
```

O comando expr pode ser substituído por $(()):

```
SOMA=$(($VALOR1 + $VALOR2))
```

As variáveis podem ser utilizadas para produzir uma saída para o usuário ou internamente, para controlar a execução do script.

Comandos encadeados

A grande maioria das tarefas depende da execução de mais de um comando. Para executar três comandos em sequência, independente do resultado de cada um, utiliza-se o formato:

```
comando1 ; comando2 ; comando3
```

Em um script, basta colocar cada um dos comandos em uma linha separada para que sejam executados sequencialmente, dispensando o uso do ponto e vírgula no final de cada comando.

Todos os comandos em uma sequência serão executados independente da ocorrência de eventuais erros. Separando os comandos com &&, o comando seguinte será executado somente se o comando anterior não tiver apresentado um erro (se o código de retorno foi igual a 0):

```
comando1 && comando2 && comando3
```

O comportamento contrário é obtido separando-se os comandos com ||. Nesse caso, o comando seguinte será executado somente se o comando anterior apresentou um erro (se o código de retorno foi diferente de 0);

Tomada de decisão

A principal característica de qualquer programa é a execução de determinadas ações dependendo de circunstâncias predeterminadas. Para essa tarefa, existe o operador if, que executa um comando ou uma lista de comandos se uma condição for verdadeira. A instrução test avalia se a condição é verdadeira ou falsa. Seu uso é geralmente associado ao operador if, como no exemplo a seguir, que exibe *Confirmado* se o arquivo /bin/bash for executável:

```
if test -x /bin/bash ; then
  echo "Confirmado"
fi
```

O exemplo a seguir mostra outra maneira de realizar a mesma tarefa, usando-se colchetes no lugar do comando test:

```
if [ -x /bin/bash ] ; then
  echo "Confirmado"
fi
```

A instrução else é opcional à estrutura if e determina o bloco de instruções a executar caso a afirmação avaliada seja falsa. Exemplo:

```
if [ -x /bin/bash ] ; then
  echo "Confirmado"
else
  echo "Não confirmado"
fi
```

O final da estrutura if deve ser sempre sinalizado com fi.

Existem opções do test para várias finalidades. As opções de avaliação da instrução test para arquivos e diretórios estão descritas a seguir, supondo que um caminho para um arquivo ou diretório foi armazenado na variável **$VAR**:

`-a "$VAR"`

Verdadeiro se o caminho contido em *VAR* existir e for um arquivo.

`-b "$VAR"`

Verdadeiro se o caminho contido em *VAR* for um arquivo de bloco especial.

`-c "$VAR"`

Verdadeiro se o caminho contido em *VAR* for um arquivo de caractere especial.

`-d "$VAR"`

Verdadeiro se o caminho contido em *VAR* for um diretório.

`-e "$VAR"`

Verdadeiro se o caminho contido em *VAR* existir.

`-f "$VAR"`

Verdadeiro se o caminho contido em *VAR* existir e for um arquivo normal.

`-g "$VAR"`

Verdadeiro se o caminho contido em *VAR* tiver a permissão SGID.

`-h "$VAR"`

Verdadeiro se o caminho contido em *VAR* for um link simbólico.

`-L "$VAR"`

Verdadeiro se o caminho contido em *VAR* for um link simbólico (igual a **-h**).

`-k "$VAR"`

Verdadeiro se o caminho contido em *VAR* tiver o bit *sticky* ativado.

`-p "$VAR"`

Verdadeiro se o caminho contido em *VAR* for um arquivo de *pipe* (canalização).

`-r "$VAR"`

Verdadeiro se o caminho contido em *VAR* for legível pelo usuário atual.

`-s "$VAR"`

Verdadeiro se o caminho contido em *VAR* existir e não estiver vazio.

`-S "$VAR"`

Verdadeiro se o caminho contido em *VAR* for um arquivo de socket.

`-t "$VAR"`

Verdadeiro se o caminho contido em *VAR* estiver aberto em um terminal.

`-u "$VAR"`

Verdadeiro se o caminho contido em *VAR* tiver a permissão SUID ativada.

`-w "$VAR"`

Verdadeiro se o caminho contido em *VAR* puder ser escrito pelo usuário atual.

`-x "$VAR"`

Verdadeiro se o caminho contido em *VAR* puder ser executado pelo usuário atual.

`-O "$VAR"`

Verdadeiro se o caminho contido em *VAR* pertencer ao usuário atual.

`-G "$VAR"`

Verdadeiro se o caminho contido em *VAR* efetivamente for do grupo do usuário atual.

`-N "$VAR"`

Verdadeiro se o caminho contido em *VAR* foi modificado desde a última leitura.

`"$VAR1" -nt "$VAR2"`

Verdadeiro se *VAR1* for mais novo que *VAR2*, conforme última data de modificação.

`"$VAR1" -ot "$VAR2"`

Verdadeiro se *VAR1* for mais velho que *VAR2*.

`"$VAR1" -ef "$VAR2"`

Verdadeiro se *VAR1* for um hardlink para *VAR2*.

É importante utilizar as aspas duplas em torno da variável, pois poderá ocorrer um erro de sintaxe caso a variável esteja vazia. O mesmo vale para as opções de avaliação de `test` para variáveis contendo um texto qualquer, descritas a seguir:

`-z $TXT`

Verdadeiro se a variável *TXT* estiver vazia.

`-n $TXT ou test $TXT`

Verdadeiro se a variável *TXT* não estiver vazia.

`$TXT1 = $TXT2 ou $TXT1 == $TXT2`

Verdadeiro se *TXT1* e *TXT2* forem iguais.

`$TXT1 != $TXT2`

Verdadeiro se *TXT1* e *TXT2* não forem iguais.

`$TXT1 < $TXT2`

Verdadeiro se na ordem alfabética *TXT1* estiver antes de *TXT2*.

`$TXT1 > $TXT2`

Verdadeiro se na ordem alfabética *TXT1* estiver depois de *TXT2*.

Diferentes idiomas podem possuir regras diferentes de ordenamento alfabético. Para obter resultados consistentes, independente de qual seja a configuração de localização no sistema atual, é aconselhável definir a variável de ambiente `LANG=C` antes de realizar operações que envolvam ordenamento alfabético. Essa definição também fará com que as mensagens emitidas pelos programas não sejam traduzidas para o idioma local, sendo mantidas no idioma original.

Também existem opções de avaliação específicas para valores numéricos, descritas a seguir:

`$NUM1 -lt $NUM2`

Verdadeiro se *NUM1* for menor que *NUM2*.

`$NUM1 -gt $NUM2`

Verdadeiro se *NUM1* for maior que *NUM2*.

`$NUM1 -le $NUM2`

Verdadeiro se *NUM1* for menor ou igual a *NUM2*.

`$NUM1 -ge $NUM2`

Verdadeiro se *NUM1* for maior ou igual a *NUM2*.

`$NUM1 -eq $NUM2`

Verdadeiro se *NUM1* for igual a *NUM2*.

`$NUM1 -ne $NUM2`

Verdadeiro se *NUM1* for diferente de *NUM2*.

Todos os testes podem receber os seguintes modificadores:

`! EXPR`

Verdadeiro se a expressão *EXPR* for falsa.

`EXPR1 -a EXPR2`

Verdadeiro se ambas `EXPR1` e `EXPR2` forem verdadeiras.

`EXPR1 -o EXPR2`

Verdadeiro se pelo menos uma das expressões for verdadeira.

Uma variação da instrução `if` é a instrução `case`, que prosseguirá se um item indicado for encontrado em uma lista de itens divididos pelo caractere *pipe* (barra vertical) "|". Supondo que a variável *NUM* contenha o número 3:

```
case $NUM in (1|2|3|4|5)
  echo "Número $num encontrado na lista,"
  echo "portanto case finalizou e"
  echo "executou esses comandos"
esac
```

O final da estrutura `case` deve ser sempre sinalizado com o termo `esac`.

Instruções de laço (loop)

E bastante comum o desenvolvimento de scripts cuja finalidade é executar determinada tarefa repetidamente, obedecendo a uma condição predeterminada. Para esse fim, existem as chamadas instruções de repetição ou laço.

A instrução `for` executa uma ou mais ações para cada elemento de uma lista. Neste caso, cada número gerado pelo comando `seq`:

```
for i in $(seq 5); do
  echo "Copiando parte $i"
  scp ./parte_$i luciano@lcnsqr.com:~/
done
```

O comando `seq 5` gera a sequência numérica de 1 a 5, tomados um a um pelo `for` e atribuídos a variável `i`. Para cada item da lista — neste caso, para cada número — será executada a sequência de comandos dentro do bloco até o termo `done`.

A instrução `until` executa a sequência de comandos até que uma afirmação seja verdadeira. Por exemplo, implementar a mesma repetição feita anteriormente com `for` agora com `until`:

```
i=1
until [ $i -gt 5 ]; do
  echo "Copiando parte $i"
  scp ./parte_$i luciano@lcnsqr.com:~/
  i=$(($i+1))
done
```

O until geralmente é maior que seu equivalente em for, mas pode ser mais adequado em algumas situações. Seu critério de encerramento é mais versátil que o contador do for, pois aceita qualquer parâmetro do test.

A instrução while é semelhante à instrução until, mas executa uma ação até que a afirmação deixe de ser verdadeira:

```
i=1
while [ $i -le 5 ]; do
  echo "Copiando parte $i"
  scp ./parte_$i luciano@lcnsqr.com:~/
  i=$(($i+1))
done
```

Este último exemplo produz o mesmo resultado da implementação com until no exemplo anterior.

Permissão e execução

Caso o script vá ser compartilhado para execução por outros usuários, é importante que estes tenham acesso de leitura a ele. O script do Bash pode ser executado invocando-se o comando bash tendo o caminho do script como argumento. Por exemplo, para executar o script meuscript.sh presente no diretório atual:

```
bash meuscript.sh
```

Alternativamente, o script pode ter a permissão de ser executado como um programa convencional. Para atribuir a permissão de execução a um script, é utilizado o comando chmod:

```
chmod +x meuscript.sh
```

Dessa forma, um arquivo de script *meuscript.sh* localizado no diretório atual poderá ser executado diretamente com o comando ./meuscript.sh. Com a permissão de execução, basta copiar o script para um diretório contido na variável PATH para que este possa ser executado como um comando convencional.

O script pode ter a permissão SUID ativada para que usuários comuns possam executá-lo com privilégios de root. Nesse caso, é muito importante assegurar que nenhum outro usuário tenha permissão de escrita no arquivo do script. Caso contrário, um usuário comum poderia editar o arquivo para realizar operações arbitrárias e potencialmente nocivas.

Como acontece com a execução de qualquer outro comando, o prompt do shell fica novamente disponível assim que um script finaliza sua execução. Para alterar esse comportamento, o script ou qualquer outro comando pode ser precedido pelo comando `exec`, que substitui a sessão atual do shell ao executar o comando informado como parâmetro. Desse modo, a sessão será encerrada assim que o comando ou script finalizar sua execução.

QUESTIONÁRIO

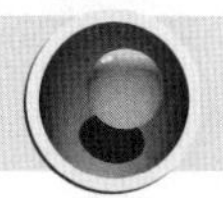

Tópico 105

Revise os temas abordados:

- Personalizar e trabalhar no ambiente shell
- Editar e escrever scripts simples

Para responder ao questionário, acesse

https://lcnsqr.com/@aifgk

Tópico 106:

Interfaces de usuário e desktops

Principais temas abordados:

- A interface gráfica X11.
- Ambientes de desktop e acesso remoto.
- Opções de acessibilidade.

106.1 Instalar e configurar o X11

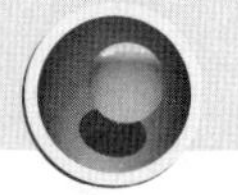

Peso 2

Desde que o Linux começou a ganhar espaço para além dos servidores e ambientes corporativos, suas aplicações desktop evoluíram para também oferecer suporte a impressoras domésticas, suporte a multimídia e uma interface de utilização mais gráfica e intuitiva. Esse ambiente gráfico de janelas é chamado **X11** — ou simplesmente **X** — e é visto com prioridade pelos desenvolvedores e administradores das distribuições voltadas para o desktop. Muitos dos usuários de aplicativos não têm nem precisam ter conhecimentos avançados sobre a arquitetura do sistema operacional. Daí surge a importância de o ambiente gráfico funcionar satisfatoriamente, sem comprometer as tarefas de quem o utiliza.

O X11 também pode ser chamado de servidor X11, pois sua arquitetura foi originalmente pensada para que pudesse ser utilizado em um ambiente de rede. Por exemplo, é possível fazer login em uma sessão do X11 via rede ou exibir a janela de um programa em outro computador, sem a necessidade de um programa específico para isso. Implementações mais recentes do ambiente gráfico, como o *Wayland*, não aplicam exatamente os mesmos conceitos, mas mantêm compatibilidade com aplicativos feitos para X11 e utilizam muitos dos mesmos componentes.

Instalação e configuração do X

Na imensa maioria dos casos, toda a configuração do X11 é feita automaticamente, durante a instalação da distribuição. Contudo, em alguns poucos casos, pode ser necessário intervir na instalação ou na configuração do X11.

O primeiro passo antes de instalar o X11 é verificar a compatibilidade de hardware. Em *https://www.x.org/wiki/Projects/Drivers/* pode ser encontrada a lista de dispositivos compatíveis. Ainda que o dispositivo não seja totalmente compatível, é possível utilizá-lo no modo VESA Framebuffer, se o dispositivo o suportar (a maior parte dos dispositivos de vídeo aceita esse modo).

O mais comum é que o X11 seja instalado durante a instalação do sistema. Caso isso não tenha sido feito — geralmente quando se trata de uma distribuição específica para servidor — o X11 ainda pode ser instalado usando-se a ferramenta de pacote da distribuição, como o `apt-get` ou `yum`, ou até mesmo a partir do código-fonte.

Configurar o X11 manualmente implica em editar o arquivo `/etc/X11/xorg.conf` ou os arquivos no diretório `/etc/X11/xorg.conf.d/`. Nesses arquivos de configuração ficam as informações sobre caminhos para arquivos de sistema, mouse, touchpad, teclado, monitor e dispositivo de vídeo. A maioria das configurações é detectada automaticamente e não precisa ser escrita nos arquivos de configuração. Será necessário incluir configurações nesses arquivos somente em circunstâncias muito específicas.

Para gerar um arquivo básico de configuração, basta invocar o servidor X11 diretamente com a opção `-configure`. O comando do servidor X11 é a letra "X" maiúscula:

```
X -configure
```

O servidor X carrega cada módulo de dispositivo, testa o driver e salva o resultado no arquivo `xorg.conf.new`, no diretório do usuário (executado como usuário root, estará em `/root`). As definições gerais, como resolução e profundidade de cor, da sessão X em execução podem ser inspecionadas com o comando `xwininfo -root`.

Ajustes da configuração

O arquivo de configuração `/etc/X11/xorg.conf` é dividido em seções no formato:

```
Section "nome da seção"
    Item_1 "Valor item 1"
    Item_2 "Valor item 2"
    ...
EndSection
```

Atualmente, a maioria das seções são dispensáveis, pois toda a configuração é feita automaticamente. Contudo, sua edição manual pode ser necessária para resolver problemas específicos ou alterar algum comportamento padrão. As principais seções do arquivo de configuração do X estão discriminadas a seguir:

`Files`

Caminhos para alguns arquivos necessários ao servidor X, como **FontPath**, **RGBPath** e **ModulePath**. O item mais importante é **FontPath**, que determina as localizações das fontes no sistema.

`ServerFlags`

Opções globais para o servidor X, no formato ***Option "Nome" "Valor"***.

`Module`

Carregamento de módulos do X, no formato: ***Load "nome do módulo"***.

`InputDevice`

Dispositivos de entrada. Deve haver uma seção *InputDevice* para cada dispositivo. Os itens obrigatórios nessa seção são *Identifier* e *Driver*. *Identifier* é um nome único para identificação do dispositivo. Os valores mais comuns para *Driver* são *Keyboard* e *Mouse*. Os demais itens são opcionais e definidos com a entrada *Option*. *Option "CorePointer"* indica que o dispositivo é o apontador (mouse) primário. *Option "CoreKeyboard"* indica que o dispositivo é o teclado principal. O caminho para o dispositivo é indicado com o *Option "Device" "caminho"*.

`Device`

Dispositivo de vídeo. O arquivo `xorg.conf` pode ter várias seções *Device* indicando vários dispositivos de vídeo. Os itens obrigatórios nessa seção são *Identifier* e *Driver*. *Identifier* é um nome único para identificação do dispositivo. *Driver* especifica o driver do dispositivo de vídeo dentre os disponíveis em `/usr/lib/xorg/modules/drivers/`. Outros itens comuns são *BusID* — por exemplo: *Option "BusID" "PCI: 1:0:0"* e *VideoRam* — por exemplo: *Option "VideoRam" "8192"*.

`Monitor`

O arquivo de configuração também pode ter várias seções *Monitor*. A única opção obrigatória é *Identifier*.

`Screen`

Agrega o dispositivo e o monitor. Pode haver mais de uma seção *Screen*. Apenas as opções *Identifier* e *Device* (indicando um dispositivo de vídeo de uma seção *Device* existente) são obrigatórias.

`Display`

É uma subseção de *Screen*, que define, entre outras coisas, qual resolução usar para cada profundidade de cor.

`ServerLayout`

Agrega as seções *Screen* e *InputDevice* para formar uma configuração completa do servidor X. Quando utilizada, é a entrada mais importante do xorg.conf, pois é nela que é definido o *display*.

Quando muito, apenas alguns poucos ajustes precisam ser feitos no arquivo de configuração do X11 para aprimorar seu funcionamento. Por exemplo, pode ocorrer de a roda do mouse não funcionar. Na seção *InputDevice* referente ao mouse em `/etc/X11/xorg.conf`, basta incluir a opção *ZAxisMapping*, como no exemplo:

```
Section "InputDevice"
  Identifier "Mouse0"
  Driver     "mouse"
  Option     "Protocol" "IMPS/2"
  Option     "Device" "/dev/mouse"
  Option     "ZAxisMapping" "4 5"
EndSection
```

A configuração do teclado também pode ser feita no arquivo `/etc/X11/xorg.conf` ou no arquivo separado `/etc/X11/xorg.conf.d/00-keyboard.conf`. Um ajuste comum é alterar o modelo e o *layout* do teclado. Teclados brasileiros do padrão *abnt2*, que têm a tecla **ç** e que permitem usar letras acentuadas, são do modelo *pc105* no layout *br*. Esse ajuste também é feito em uma seção *InputDevice* do arquivo `/etc/X11/xorg.conf`:

```
Section "InputDevice"
  Identifier "Keyboard0"
  Driver     "keyboard"
  Option     "XkbModel" "pc105"
  Option     "XkbLayout" "br"
EndSection
```

O termo escrito em *Identifier* deve ser único para cada dispositivo de entrada. Os dispositivos de entrada utilizados pelo X são indicados na seção *ServerLayout*:

```
Section "ServerLayout"
  Identifier      "Layout0"
  Screen       0  "Screen0" 0 0
  InputDevice     "Keyboard0" "CoreKeyboard"
  InputDevice     "Mouse0" "CorePointer"
EndSection
```

As configurações modificadas terão efeito somente após reiniciar o X. O comando `setxkbmap` pode ser utilizado para alterar a configuração do teclado sem reiniciar o X:

```
setxkbmap -model pc105 -layout br
```

Os ajustes feitos com o comando `setxkbmap` valem para a sessão atual do X e não serão preservados, devendo ser colocados na configuração do X para serem permanentes. A lista de modelos de teclados disponíveis é exibida com o comando `localectl list-x-11-keymap-models`, e os layouts disponíveis são listados com `localectl list-x11-keymap-layouts`.

Fontes

Uma das funções do X11 é o fornecimento das fontes utilizadas pelos aplicativos. Há dois sistemas básicos de fontes, *Core* e *Xft*. No sistema *Core*, as fontes são manipuladas no servidor, enquanto no sistema *Xft* isso ocorre no cliente. O sistema *Xft* é mais avançado e permite o uso de fontes *Type1*, *OpenType*, *TrueType*, *Speedo* e *CID*, com suporte a *anti-aliasing* (cantos suavizados).

Para instalar fontes no sistema Xft, basta copiá-las para um dos diretórios de fontes padrão em `/usr/share/fonts/` ou para o diretório `~/.local/share/fonts/`. O cache de fontes precisa ser atualizado para que a nova fonte possa ser usada, o que será feito automaticamente quando o X iniciar uma nova sessão. A atualização manual é feita por meio do comando ´fc-cache´.

O comportamento das funções do Xft pode ser alterado pelo arquivo de configuração global `/etc/fonts/fonts.conf` ou no arquivo de configurações por usuário `~/.fonts.conf`.

Variável DISPLAY e janelas remotas

O servidor X permite que as janelas de aplicativos sejam exibidas remotamente, ou seja, um programa em execução em uma máquina remota poderá ser operado localmente.

O valor *display* identifica um conjunto de monitor e dispositivo de entrada (teclado/mouse). Um mesmo computador pode ter mais de um display — como diferentes monitores e teclados — mas o mais comum é que exista apenas um display. A contagem de display é feita a partir do zero, portanto, em uma máquina com apenas um display, o valor da variável de ambiente DISPLAY será `:0.0`. Isso significa que as janelas serão mostradas na máquina local (localhost é assumido quando o valor antes de ":" é omitido) e no primeiro display (`:0.0`).

Por padrão, o X permite a abertura de janelas de aplicações remotas. Contudo, é provável que esse recurso esteja desativado pelo gestor de login gráfico. Por ser um recurso pouco utilizado e que pode abrir brechas na segurança, é comum que o X seja executado com a opção `-nolisten tcp` para evitar conexões via rede TCP. Para liberar o recurso, será necessário editar o arquivo de configuração do gestor de login gráfico. Também é importante liberar a porta adequada — normalmente a porta 6000 — se um *firewall* estiver ativo.

O primeiro passo para abrir a janela de um programa remoto na máquina local é redefinir a variável DISPLAY na própria máquina remota. Por exemplo:

```
export DISPLAY=192.168.1.3:0.0
```

Todo programa executado a partir da sessão onde a variável foi redefinida enviará sua janela para o primeiro display da máquina 192.168.1.3. Porém, a janela não poderá ser exibida até que a máquina no 192.168.1.3 permita. A liberação é feita com o comando `xhost`, na máquina onde as janelas devem ser exibidas:

```
xhost +192.168.1.1
```

No exemplo, o endereço IP 192.168.1.1 corresponde à máquina remota onde o programa está sendo executado. A partir disso, programas em 192.168.1.1 leem o conteúdo da variável DISPLAY, e suas janelas serão exibidas em 192.168.1.3.

Na maioria das distribuições Linux, o ambiente gráfico X11 é iniciado por padrão, logo após o carregamento do sistema. Nesse caso, é apresentada a tela de login de usuário já no próprio ambiente gráfico do X11.

Esse comportamento é controlado pelo inicializador do sistema. Em distribuições que utilizam o padrão SysVinit, a configuração é feita no arquivo `/etc/inittab`. Em distribuições que utilizam o *systemd*, o login gráfico corresponde ao alvo *graphical.target*.

Gerenciadores de display

O programa encarregado de identificar o usuário e iniciar a sessão do X11 chama-se *display manager* ou gerenciador de display. Entre vários, há quatro gerenciadores de Display principais:

- **XDM**. Mais antigo, padrão do X.
- **GDM**. Padrão do ambiente desktop GNOME.
- **KDM**. Padrão do ambiente desktop KDE.
- **LightDM**. Gerenciador de login simples, utilizado em distribuições mais leves.

Os respectivos arquivos de configuração encontram-se em `/etc/X11/xdm/*` , `/etc/gdm/*`, `/usr/share/config/kdm/*` e `/etc/lightdm/*`.

XDM

O XDM é parte dos programas padrão do X11. Seus arquivos de configuração ficam no diretório `/etc/X11/xdm/`. A aparência da tela de login do xdm pode ser modificada editando-se o arquivo `/etc/X11/xdm/Xresources`. Fontes, cores e mensagens podem ser incluídas ou alteradas.

Além de permitir o login local, o xdm também permite a utilização remota, tornando possível a clientes na rede utilizar um ambiente de trabalho centralizado no servidor. Para tanto, é usado o protocolo XDMCP (desativado por padrão).

O XDM precisa estar ativo e configurado adequadamente para responder a pedidos de login via rede. O cliente, por meio do comando `X -query servidor` ou `X -broadcast`, solicitará o pedido de conexão para acessar o desktop remoto.

Para permitir que um cliente remoto acesse o XDM e possa utilizar o ambiente gráfico do servidor, é necessário alterar dois arquivos: `/etc/X11/xdm/xdm-config` e `/etc/X11/xdm/Xaccess`. O arquivo `xdm-config` é o principal arquivo de configuração do XDM. Para liberar o acesso por XDMCP, é necessário comentar a opção `DisplayManager.requestPort` no arquivo `xdm-config`:

```
!DisplayManager.requestPort:    0
```

Diferente da maioria dos arquivos de configuração no Linux, são consideradas comentários as linhas começando com exclamação. O arquivo /etc/X11/xdm/Xaccess controla as permissões de acesso ao XDMCP. Para liberar as solicitações a partir de qualquer cliente na rede, pode ser utilizado o trecho a seguir:

```
*
* CHOOSER BROADCAST
```

A primeira linha indica que qualquer máquina remota poderá requisitar a tela de login do XDM. A segunda linha, * CHOOSER BROADCAST, indica que qualquer cliente pode solicitar ao XDM uma lista de possíveis servidores (que estejam rodando o XDM) para conexão, que será obtida por meio de chamadas broadcast na rede. O serviço do XDM deve ser reiniciado para que as alterações tenham efeito.

O arquivo Xservers é utilizado para definir qual servidor X será utilizado. É útil alterá-lo nos clientes, para tornar permanente a solicitação de ambiente de trabalho remoto.

GDM

A principal diferença entre o XDM e o GDM é que o último mantém uma consistência visual com o ambiente de trabalho GNOME. Os arquivos de configuração do GDM ficam no diretório /etc/gdm (ou /etc/gdm3 em versões mais recentes). O principal arquivo de configuração é o /etc/gdm/daemon.conf, que também pode aparecer com o nome /etc/gdm/custom.conf. Configurações passadas ao X são carregadas pelo arquivo /etc/gdm/Init/Default.

O recurso de login remoto com XDMCP é ativado no próprio arquivo daemon.conf, com o trecho:

```
[xdmcp]
Enable=true
```

O serviço do GDM deve ser reiniciado para que as alterações tenham efeito.

KDM

Como no caso do GDM com o GNOME, a utilização do KDM é associada ao ambiente de trabalho KDE. A localização dos arquivos de configuração varia de acordo com a distribuição. Em sua última versão, os arquivos de configuração estão em /etc/kde/kdm/ ou /etc/kde4/kdm/. O principal arquivo de configuração é o kdmrc. O acesso remoto ao KDM é liberado nesse mesmo arquivo:

```
[Xdmcp]
Enable=true
```

Alterações visuais são feitas no próprio `kdmrc`. Além desse arquivo, o KDM trabalha com os mesmos arquivos do GDM, como o `Xaccess`.

LightDM

As configurações do LightDM, como definições de aparência e recurso e login automático, podem ser modificadas no arquivo `/etc/lightdm/lightdm.conf`. O LightDM não é vinculado a nenhum ambiente de desktop específico, mas costuma estar presente em distribuições que usam o Xfce ou o LXDE.

106.2 Desktops gráficos

Peso 1

O servidor X fornece apenas os recursos básico para um ambiente gráfico. É o responsável por desenhar e movimentar as janelas e pela interação com o teclado e mouse. O X por si só não constrói os elementos interativos das janelas, o que fica sob responsabilidade dos aplicativos clientes rodando sobre o X.

Apesar de ser possível executar aplicativos isoladamente, o mais comum e recomendável é utilizar um *ambiente de desktop* (também chamados de *ambiente gráfico* ou *ambiente de área de trabalho*) para rodar os aplicativos. O ambiente de desktop agrega componentes como ícones, barras de tarefas, papel de parede e controles interativos, como botões e menus. Além desses componentes, os ambientes de desktop fornecem diversos aplicativos integrados. O mais importante deles é o gerenciador de janelas, que permite controlar a aparência e o comportamento das janelas criadas pelo X.

A metáfora da mesa de trabalho

A maioria das interfaces gráficas foi desenvolvida a partir da metáfora da mesa de trabalho. Nessa metáfora, o monitor do computador é tratado como a superfície de uma mesa, sobre a qual objetos como pastas e documentos são colocados. Um documento pode ser aberto emuma janela, que corresponde a uma cópia em papel do documento sendo colocada sobre a mesa. Assim como na mesa real, a mesa virtual costuma ter acessórios como bloco de notas, relógio, calendário etc.

Diferentemente de outros sistemas operacionais com interface gráfica única, no Linux existem diferentes opções de ambientes de desktop que podem ser utilizadas em conjunto com o X. Alguns dos ambientes de desktop mais populares estão descritos a seguir:

GNOME

O GNOME é um dos ambientes de desktop mais populares, sendo o ambiente padrão em distribuições como Fedora, Debian, Ubuntu, SUSE Linux Enterprise, Red Hat Enterprise Linux, CentOS etc. A versão 3 promoveu grandes mudanças em sua aparência e estrutura, o que gerou certa resistência e resultou na criação do ambiente de desktop *MATE*, desenvolvido a partir da versão 2 do GNOME.

MATE

O MATE é a continuação do GNOME 2. O MATE exige menos recursos que o GNOME 3, e apesar de manter estética baseada no GNOME 2, suas versões mais recentes utilizam a biblioteca GTK+ 3.

KDE

O KDE constitui um grande ecossistema de aplicativos e plataformas de desenvolvimento. Seu ambiente de desktop mais recente é o *KDE Plasma*, utilizado por padrão nas distribuições openSUSE, Manjaro, Mageia, Kubuntu etc.

Xfce

O Xfce é um ambiente de desktop que tem por objetivo ser esteticamente agradável e ao mesmo tempo não consumir muitos recursos da máquina. Sua estrutura é bastante modularizada, permitindo ativar e desativar componentes de acordo com a necessidade e preferência do usuário. Outra prioridade do Xfce é a aderência aos padrões para ambientes gráficos, especificamente aqueles definidos pelo *freedesktop.org*.

LXDE

O principal foco do LXDE é o baixo consumo de recursos da máquina, o que o torna uma boa escolha para instalação em equipamentos mais antigos. Apesar de não oferecer todos os recursos de ambientes de desktop mais pesados, o LXDE oferece todos os recursos básicos esperados de uma interface gráfica moderna.

Apesar da facilidade de uso proporcionada pelos ambientes de desktop, estes apresentam uma desvantagem quando comparados com as interfaces de texto como o shell: o acesso remoto. Enquanto o shell de máquinas remotas pode ser acessado facilmente com ferramentas como o *Secure shell* (SSH), o acesso remoto a ambientes gráficos exige métodos diferentes e pode não alcançar um desempenho satisfatório em conexões mais lentas.

Acesso remoto

Apesar de ser possível acessar o servidor X remotamente por meio do protocolo XDMCP, esse método não é muito utilizado por exigir muita banda de rede. Dependendo da dimensão da área de trabalho, mesmo uma rede local de 100Mbit pode não ser suficiente para uma experiência satisfatória.

Outros métodos de acesso a ambientes de desktop remotos lidam melhor com as limitações de banda de rede. Os métodos mais utilizados estão descritos a seguir:

VNC

O VNC é um sistema que permite ver e controlar o ambiente de desktop remoto por meio do protocolo RFB (*Remote Frame Buffer protocol*). Por meio dele, os eventos produzidos pelo teclado e mouse locais são transmitidos para o desktop remoto, que envia as atualizações de tela para serem exibidas localmente. O VNC é independente de plataforma, podendo ser utilizado entre diferentes sistemas operacionais.

RDP

O RDP é um protocolo utilizado para acessar remotamente a área de trabalho de um sistema operacional Windows. Sistemas Linux dispõem do programa `rdesktop` para conectar em máquinas Windows via RDP. Apesar de utilizar o protocolo RDP, que é proprietário da Microsoft, o rdesktop é um programa implementado em código aberto licenciado sob a *GNU General Public License* (GPL) e não tem restrições legais de uso.

SPICE

O SPICE compreende um conjunto de ferramentas voltado para acessar o ambiente de desktop de sistemas operacionais virtualizados, remotos ou locais. Além de permitir ver e controlar o ambiente gráfico do sistema virtualizado, o SPICE permite acessar recursos multimídia, acessar dispositivos USB locais pela máquina remota e compartilhar arquivos entre os computadores.

Cada um dos métodos exige seu próprio servidor e cliente apropriado e não são compatíveis entre si. Além disso, sistemas remotos só podem ser acessados se as portas de rede estiverem liberadas e eventuais redirecionamentos tenham sido configurados.

106.3 Acessibilidade

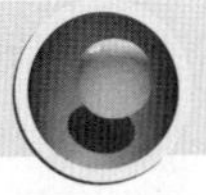

Peso 1

Tão importante quanto a boa usabilidade do desktop para o usuário comum é oferecer a mesma usabilidade para pessoas com necessidades especiais.

Diversos aplicativos para Linux oferecem recursos que facilitam a utilização do computador para quem tem pouca ou nenhuma visão ou alguma dificuldade motora.

Ativar recursos de acessibilidade

Os ambientes de desktop atuais já contam com diversos recursos de acessibilidade instalados por padrão. Para ativá-los, basta ir até o painel de configurações, normalmente acessível sob o menu sistema.

Após a ativação das tecnologias de acessibilidade, o ícone correspondente é exibido na área de notificação do painel (ao lado do relógio). Clicando-se nele, diversas opções referentes à acessibilidade podem ser ativadas:

- Realçar contraste em cores.
- Tornar o texto maior e fácil de ler.
- Pressionar atalhos do teclado, uma tecla de cada vez (teclas de aderência).
- Ignorar pressionamento de teclas duplicado (teclas de repercussão).
- Pressionar e segurar teclas para aceitá-las (teclas lentas).

Teclado e mouse podem ser configurados com mais especificidade para cada necessidade. Por exemplo, é possível evitar que muitas teclas pressionadas simultaneamente sejam escritas, o que pode facilitar a digitação para pessoas com dificuldades motoras.

Usuários com dificuldades visuais estarão mais bem servidos com um tema de alto contraste, que utilize um tamanho de fontes maior. Para deficiências visuais mais severas, pode ser utilizado um aplicativo leitor de tela, como o **Orca**. Com ele, uma voz sintetizada diz o texto sob o clique do mouse. Também existem dispositivos Braille que podem ser conectados ao sistema, traduzindo o texto exibido para uma padrão de pontos salientes correspondente que pode ser identificado pelo toque.

Se há a impossibilidade de utilização do teclado, o programa **GOK** pode ser usado como interface de entrada. Com ele, apenas a movimentação do mouse é necessária para inserção de texto e outras ações que envolvem o uso do teclado.

Se mesmo a utilização do mouse oferece alguma dificuldade, na janela *Preferências do mouse*, presente na configuração do sistema, podem ser alterados alguns comportamentos. Por exemplo, é possível simular o clique duplo do mouse apenas ao segurar o botão por alguns instantes.

QUESTIONÁRIO

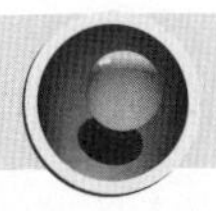

Tópico 106

Revise os temas abordados:

- Instalar e configurar o X11
- Desktops gráficos
- Acessibilidade

Para responder ao questionário, acesse

https://lcnsqr.com/@aifgk

Tópico 107:

Tarefas administrativas

Principais temas abordados:

- Administração de usuários.
- Agendamento de tarefas.
- Localização e idioma.

107.1 Administrar contas de usuário, grupos e arquivos de sistema relacionados

Peso 5

Em ambientes onde mais de uma pessoa utiliza o computador ou utiliza os recursos fornecidos por ele via rede, é fundamental que cada uma delas tenha restrições, para que não comprometa dados sensíveis, sejam eles pertinentes ao próprio sistema ou a outros usuários. Para isso, para cada usuário é criada uma conta com a qual ele acessará o sistema.

Conta de usuário

O comando `useradd` é empregado pelo usuário root para criar uma nova conta no sistema. O comando exige apenas que seja fornecido o nome de login do usuário como argumento, mas várias configurações da conta podem ser definidas com as opções descritas a seguir:

`-c comentário`

Comentário (geralmente o nome completo do usuário).

`-d diretório`

Caminho para o diretório pessoal do usuário. O padrão é utilizar um diretório com o mesmo nome de login em `/home`.

`-g grupo`

Grupo principal (GID). Precisa existir previamente no sistema.

`-G grupo1,grupo2`

Grupos adicionais, separados por vírgula.

`-u UID`

UID (user ID) do usuário.

`-s shell`

Shell padrão para o usuário.

`-p senha`

Senha (entre aspas).

`-e data`

Data de validade da conta.

`-k /etc/skel`

Copia os modelos de arquivos e diretórios em `/etc/skel` para a nova conta.

`-m`

Cria o diretório pessoal em `/home`, se não existir.

Novas contas também podem ser criadas com o comando adduser. A diferença em relação ao useradd é que o adduser utiliza opções predefinidas armazenadas no arquivo /etc/adduser.conf.

Para que o usuário possa acessar sua conta, o administrador precisará definir uma senha para ele. Isso pode ser feito por meio do comando passwd usuário. Usado sem argumentos, passwd altera a senha para o usuário atual.

O comando chfn altera o campo de descrição na conta do usuário. Por exemplo, o chfn -f "Luciano Antonio Siqueira" luciano altera o nome completo referente à conta *luciano* para *Luciano Antonio Siqueira*. Não é necessário que um usuário comum indique o nome de login como argumento, pois é implícito que a conta do usuário atual será alterada. Um usuário comum também pode alterar qual shell será utilizado por padrão para sua conta, com o comando chsh:

```
chsh -s /bin/zsh
```

Neste exemplo, o shell padrão é alterado para /bin/zsh. O usuário root pode utilizar o comando chsh para bloquear novas sessões do shell para um usuário específico:

```
chsh -s /bin/false
```

Esse comando define o comando /bin/false como o shell padrão, que retorna sem executar qualquer ação, evitando a criação da sessão. Uma conta de usuário pode ser apagada com o comando userdel. A opção -r ou --remove assegura que o diretório pessoal do usuário também seja apagado.

As informações de conta dos usuários do sistema são armazenadas no arquivo /etc/passwd, no formato:

```
root:x:0:0::/root:/bin/bash
luciano:x:1000:1000:Luciano Antonio Siqueira:/home/luciano:/bin/bash
```

Cada usuário é definido em uma linha, em campos separados por ":", representando, respectivamente:

1. Nome de Login.
2. Senha ("x" quando usando o arquivo /etc/shadow).
3. Número de identificação do usuário (UID).
4. Número do grupo principal do usuário (GID).
5. Descrição do usuário (opcional).

6. Diretório pessoal para o usuário.
7. Shell inicial do usuário (se vazio, o arquivo padrão /bin/sh será usado).

Para editar diretamente o arquivo /etc/passwd, é recomendado que se use o comando vipw, que bloqueia o arquivo /etc/passwd contra possíveis alterações concorrentes, evitando corrupção do arquivo. A edição será feita com o editor padrão, via de regra o editor vi. Usado com a opção -s, vipw abrirá para edição o /etc/shadow.

Senhas shadow

O arquivo /etc/passwd pode ser lido por qualquer usuário (permissão **644**), o que pode tornar as senhas criptografadas passíveis de decodificação. Para evitar essa possibilidade, é usado um segundo arquivo, inacessível a usuários comuns, o arquivo /etc/shadow (permissão **640** ou **000**).

Como no arquivo /etc/passwd, os campos no arquivo /etc/shadow são separados por ":", correspondendo a:

1. Nome de usuário, que deve corresponder a um nome válido em /etc/passwd.
2. A senha criptografada. Se estiver em branco, o login sem senha estará liberado. Se o primeiro caractere for um ponto de exclamação, o login por senha na conta correspondente estará bloqueado.
3. O número de dias (desde 1º/01/1970) desde que a senha foi alterada.
4. Número mínimo de dias até que uma senha possa ser novamente alterada. O uso do número zero permite alterar a senha sem tempo de espera.
5. Número de dias depois dos quais a senha deverá ser alterada. Por padrão, 99999, ou 274 anos.
6. Número de dias para informar ao usuário sobre a expiração da senha.
7. Número de dias, depois de a senha expirar, até que a conta seja bloqueada.
8. O número de dias, a partir de 1º/01/1970, desde que a conta foi bloqueada.
9. Campo reservado.

As informações referentes à validade da senha podem ser alteradas com o próprio comando passwd, mas também existe o comando chage, específico para essa finalidade. As principais opções do comando chage são:

`-m dias`

Mínimo de dias até que o usuário possa trocar uma senha modificada.

`-M dias`

Número máximo de dias que a senha permanecerá válida.

`-d dias`

Número de dias decorridos em relação a 1º/01/1970. Determina quando a senha foi mudada. Também pode ser expresso no formato de data local (dia/mês/ano).

`-E dias`

Número de dias decorridos em relação a 1º/01/1970, a partir dos quais a conta não estará mais disponível. Também pode ser expresso no formato de data local (dia/mês/ano).

`-I dias`

Inatividade ou tolerância de dias, após a expiração da senha, para que a conta seja bloqueada.

`-W dias`

Dias anteriores ao fim da validade da senha, quando será emitido um aviso sobre a expiração da validade.

Para usuários comuns, o `chage` só pode ser usado com a opção `-l usuário`, que mostra as restrições referentes ao usuário em questão.

O comando `usermod` agrega as funções de alteração de conta de usuário e suas principais opções são:

`-c descrição`

Descrição do usuário.

`-d diretório`

Altera diretório do usuário. Com o argumento `-m`, move o conteúdo do diretório atual para o novo.

`-e valor`

Prazo de validade da conta, especificado no formato *dd/mm/aaaa*.

`-f valor`

Número de dias até que a conta seja bloqueada após a senha ter expirado. Um valor `-1` (um negativo) cancela essa função.

`-g grupo`

Grupo principal do usuário. Cada usuário pode ter apenas um grupo principal, geralmente exclusivo ao próprio usuário.

`-G grupo1,grupo2`

Grupos adicionais para o usuário.

`-l nome`

Nome de login do usuário.

`-p senha`

Senha.

`-u UID`

Número de identificação (UID) do usuário.

`-s shell`

Shell padrão do usuário.

`-L`

Bloqueia a conta do usuário, colocando um sinal ! na frente da senha criptografada. Uma alternativa é substituir o shell padrão do usuário por um script ou programa que informe as razões do bloqueio.

`-U`

Desbloqueia a conta do usuário, retirando o sinal ! da frente da senha criptografada.

A opção `-G` do comando `usermod` substitui todas as associações de grupos para a conta indicada. Para associar a conta de usuário aos novos grupos sem perder as associações atuais, também deve ser informada a opção `-a`.

Grupos de usuários

Para criar um grupo de usuários, é usado o comando `groupadd`:

```
groupadd estudo_c
```

O número de identificação do grupo (GID) pode ser especificado através da opção `-g`. Via de regra, um grupo com o mesmo número de identificação de um usuário é exclusivo a ele. Contudo, o vínculo entre usuários e grupos é arbitrário, e ambos podem ter o mesmo número sem necessariamente estar associados.

Para excluir um grupo, é usado o comando `groupdel`:

```
groupdel estudo_c
```

O root pode incluir ou excluir usuários de um grupo por meio do comando `gpasswd`, utilizando a opção adequada:

`gpasswd grupo`

Cria uma senha para grupo. Se fornecer a senha, um usuário pode ingressar temporariamente em um grupo por conta própria, com o comando `newgrp`.

`gpasswd -r grupo`

Apaga a senha para grupo.

`gpasswd -a usuário grupo`

Associa usuário ao grupo.

`gpasswd -d usuário grupo`

Exclui usuário de grupo.

`gpasswd -A usuário grupo`

Torna um usuário administrador de grupo.

Um usuário pode pertencer a mais de um grupo, mas apenas um grupo pode ser o principal. O comando `newgrp` é usado para alterar o grupo principal do usuário para o grupo indicado em uma nova sessão do shell. O usuário pode utilizar o `newgrp` apenas com grupos já associados ou com grupos que têm senha de acesso.

As informações sobre os grupos existentes no sistema são armazenadas em `/etc/group`. Neste arquivo, cada grupo é definido em uma linha, em campos separados por ":" representando, respectivamente:

1. Nome do grupo.
2. Senha para o grupo (`x` se utilizar `/etc/gshadow`).
3. Número de identificação do grupo (GID).
4. Lista de membros do grupo, separados por vírgula.

Para editar diretamente o arquivo`/etc/group`, é altamente indicado usar o comando `vigr` ou `vipw -g`, que bloqueiam o arquivo `/etc/group` contra possíveis alterações externas, evitando corrupção do arquivo. Usado com a opção `-s`, `vigr` abrirá para edição o arquivo `/etc/gshadow`.

Assim como ocorre com `/etc/passwd`, grupos também utilizam um segundo arquivo para armazenar informações referentes à senha dos grupos, chamado `/etc/gshadow`. O comando `groupmod` agrega algumas funções de alteração de grupos, pelas opções:

`-g GID`

Altera o número (GID) do grupo.

`-n nome`

Altera o nome do grupo.

Para mostrar os grupos aos quais um usuário pertence, é usado o comando `groups usuário`. Usado sem argumentos, o comando `groups` mostra os grupos do usuário atual. O comando `id` mostra os grupos para o usuário, mostrando também o número de identificação do usuário e dos grupos.

As contas de usuários e grupos existentes no sistema podem ser consultadas com o comando `getent`, que extrai informações de todos os bancos de de dados do *Name Service Switch*, ou seja, dos serviços configurados pelo arquivo `/etc/nsswitch.conf`. Uma entrada de conta de usuário pode ser consultada com o comando a seguir:

```
$ getent passwd luciano
luciano:x:1000:1000:Luciano Antonio Siqueira:/home/luciano:/bin/bash
```

O argumento passwd indicou a base de dados onde o termo informado foi pesquisado. Se não for indicado um termo de pesquisa, todas as entradas da base serão exibidas. Outras bases de dados disponíveis são group, services, hosts etc.

107.2 Automatizar e agendar tarefas administrativas de sistema

Peso 4

Existem dois sistemas principais de agendamento de tarefas no Linux, o at e o cron. O at é indicado para execução única de uma tarefa no futuro, enquanto o cron é utilizado para agendar procedimentos que devem ser executados regularmente no sistema.

at

O comando at programa a execução de um comando em um momento futuro. Sua sintaxe básica é at quando, onde *quando* indica o instante em que o comando será executado. Após pressionar **Enter**, os comandos poderão ser escritos, em mais de uma linha se necessário. Após terminar de inseri-los, é necessário pressionar **Ctrl** + **d** para encerrar o at e criar o agendamento.

O termo *quando* pode significar, por exemplo, *now* (agora) ou *midnight* (à meia-noite). Outras opções de datas e formatos podem ser consultadas no arquivo /usr/share/doc/at/timespec. Usuários comuns poderão usar o comando at se constarem no arquivo /etc/at.allow. Se /etc/at.allow não existir, o arquivo /etc/at.deny será consultado, e os usuários que nele constarem não poderão utilizar o at. Se nenhum dos arquivos existir, ou o nome do usuário em questão não aparecer em nenhum deles, a utilização do at por esse usuário é liberada. A inexistência do arquivo /etc/at.allow e um arquivo /etc/at.deny vazio significa que todos usuários poderão utilizar o at.

Para verificar os agendamentos vigentes, usa-se at -l ou atq. Um agendamento pode ser apagado a partir de seu número específico, fornecido para o comando atrm. Para executar um comando apenas quando a carga do sistema for baixa, deve ser utilizado o comando batch.

Tarefas do cron

A finalidade de um agendamento cron é executar uma tarefa em intervalos de tempo regulares. A cada minuto, o daemon crond lê as tabelas de agendamento — chamadas *crontabs* — contendo tarefas a serem executadas em data e hora específicas.

Os arquivos crontab de usuários comuns ficam armazenados no diretório /var/spool/cron/, e o crontab geral do sistema fica no arquivo /etc/crontab. Esses arquivos não devem ser editados diretamente, mas por meio do próprio comando `crontab`. As principais opções do comando `crontab` estão descritas a seguir:

`crontab -l usuário`
: Mostra as tarefas agendadas pelo usuário.

`crontab -e usuário`
: Edita o crontab do usuário no editor padrão do sistema.

`crontab -d usuário`
: Apaga o crontab do usuário selecionado.

Em todos os casos, se o nome de usuário não é fornecido, será assumido o usuário atual. Um novo agendamento é criado como uma nova linha no arquivo de texto aberto pelo comando `crontab -e`. As linhas precisam estar na seguinte forma:

```
0-59 0-23 0-31 1-12 0-7  comando
 |    |    |    |    └ Dia da Semana (0 e 7 correspondem ao Domingo)
 |    |    |    └── Mês
 |    |    └───── Dia do mês
 |    └─────── Hora
 └──────── Minuto
```

Todos os campos precisam estar presentes, mesmo que não indiquem nenhum valor específico. O caractere "*" indica que o campo é indiferente, ou seja, o comando será executado qualquer que seja a contagem de tempo no campo correspondente. O traço "-" delimita um intervalo de tempo quando a tarefa será executada. O caractere barra "/" estabelece um passo para a execução.

O exemplo a seguir exemplifica o agendamento de uma tarefa usando diferentes expressões de tempo. O comando `/usr/local/bin/script_backup.sh` será executado a cada quatro horas, de segunda à sexta, nos meses de junho e dezembro:

```
* */4 * 6,12 1-5 /usr/local/bin/script_backup.sh
|  |  |  |    └ Dos dias 1 ao 5 (Segunda a Sexta-feira)
|  |  |  └─── Nos meses de Junho e Dezembro
|  |  └──── O dia do mês é indiferente
|  └───── A cada quatro horas
└────── O minuto é indiferente
```

Se a tarefa produzir alguma saída, esta será enviada para a caixa de entrada do usuário. Para evitar esse comportamento, basta redirecionar a saída da tarefa para `/dev/null` ou para um arquivo.

Caso não seja necessário especificar o momento exato para a execução de uma tarefa, basta incluir o respectivo script em um dos diretórios `/etc/cron.hourly/`, `etc/cron.daily/`,

/etc/cron.weekly/ e /etc/cron.monthly/. Esses diretórios representam, respectivamente, a execução de hora em hora, diária, semanal e mensal.

É possível controlar o uso do crontab por meio dos arquivos /etc/cron.allow e /etc/cron.deny. Se /etc/cron.allow existir, apenas os usuários que nele constarem poderão agendar tarefas. Se /etc/cron.deny existir, os usuários nele existentes serão proibidos de agendar tarefas. Se nenhum dos arquivos existir, todos os usuários poderão agendar tarefas.

Timers do systemd

O agendamento de tarefas em sistemas que empregam o systemd também pode ser feito usando-se os *timers* ou agendamentos do systemd.

Os agendamentos são arquivos de unidades do systemd que têm o sufixo .timer e controlam um arquivo .service associado. Além da capacidade de fazer agendamentos recorrentes, como os do cron, os agendamentos to systemd podem ser *monotônicos* e também podem ser executados manualmente.

Os agendamentos chamados de **realtime** — *tempo real* ou *tempo do relógio* — são ativados no instante de tempo correspondente, como um alarme de relógio. Já os agendamentos **monotônicos** são ativados quando um intervalo de tempo relativo a um instante inicial é alcançado. Neste caso, o tempo transcorrido só é contado quando o computador está ligado.

Como outras unidades do systemd, as unidades de agendamento são definidas em arquivos no diretório /usr/lib/systemd/system/, quando instaladas por algum pacote, ou em /etc/systemd/system/, quando criadas pelo administrados do sistema. Unidades de agendamento têm a seção [Timer], que define quando e como o agendamento será executado. O comando systemctl list-timers exibe todos os agendamentos ativos no sistema. Os detalhes de como criar uma unidade de agendamento podem ser consultados no manual *systemd.timer(5)*, e os argumentos de tempo podem ser consultados no manual *systemd.time(7)*.

107.3 Localização e internacionalização

Peso 3

O Linux oferece um extenso suporte a idiomas diferentes do inglês e permite adequar a codificação de caracteres e a hora local do sistema. Esses ajustes são importantes não só para facilitar a usabilidade, mas também para garantir que cálculos de intervalos de tempo sejam computados corretamente pelo sistema.

Fuso horário e horário de verão

A definição correta do fuso horário implica a indicação da relação do relógio do sistema com o *Greenwich Mean Time*: GMT +0:00. Contudo, o mero ajuste do relógio causará incorreção do horário durante o horário de verão. Como o Brasil, muitos países reajustam o horário oficial durante um período do ano — período conhecido como *Daylight Saving Time* —, por isso também é muito importante definir as configurações de horário de verão, para que o sistema reflita a hora certa independente do período do ano.

Recomenda-se a utilização do horário em GMT +0:00 para o relógio do BIOS. Logo, o sistema precisará ser informado sobre o fuso horário desejado. Isso é feito utilizando-se o comando `tzselect`, que exibirá os fusos horários oficiais e, após a escolha, criará o arquivo `/etc/timezone` contendo as informações de fuso horário:

```
$ cat /etc/timezone
America/Sao_Paulo
```

Para modificar o fuso horário apenas da sessão atual, pode ser alterado o conteúdo da variável `TZ`. Por exemplo:

```
$ export TZ='America/Sao_Paulo'
```

O arquivo `/etc/localtime` determina a mudança do relógio durante o horário de verão. Este arquivo é um link simbólico para um dos arquivos de definições que ficam armazenados em `/usr/share/zoneinfo/`. Para alterar as definições de horário de verão para o sistema, basta refazer o link simbólico `/etc/localtime` e apontá-lo para o arquivo de fuso horário desejado.

Idioma e codificação de caracteres

O suporte a caracteres acentuados ou não ocidentais no Linux é bastante abrangente. O nome dado à definição sobre qual idioma e conjunto de caracteres usar é *locale*, ou simplesmente *localização*. A configuração básica de localização é feita com a variável de ambiente `LANG`, e é a partir dela que a maioria dos programas define as preferências de idioma.

O conteúdo da variável LANG obedece ao formato *ab_CD*, em que *ab* é o código do idioma e *CD* é o código do país. O código de idioma deve obedecer à especificação ISO-639, e o código de país deve obedecer à especificação ISO-3166. Exemplo de conteúdo da variável LANG:

```
$ echo $LANG
pt_BR.UTF-8
```

Além dos códigos de idioma e país, pode haver a informação especificando a codificação de caracteres a ser utilizada. No caso do exemplo, foi definida a codificação *UTF-8*. O UTF-8 é um padrão *unicode* para caracteres ocidentais acentuados. Em alguns sistemas, a codificação padrão é do padrão ISO, como *ISO-8859-1*. Apesar disso, a tendência é todos os sistemas adotarem o padrão unicode.

Conversão de codificação

Um texto poderá aparecer com caracteres ininteligíveis quando exibido em um sistema com padrão de codificação diferente daquele onde o texto foi criado. Para solucionar esse problema, pode ser utilizado o comando `iconv`. Por exemplo, para converter do padrão ISO-8859-1 para UTF-8 pode ser utilizado o comando: `iconv -f iso-8859-1 -t utf-8 < texto_original.txt > texto_convertido.txt`.

Além da variável LANG, outras variáveis de ambiente influenciam diferentes aspectos de localização, como o símbolo de moeda ou o separador de milhar em números. Essas outras variáveis são utilizadas para definir alguma configuração específica de localização:

`LC_COLLATE`

Define a ordenação alfabética. Uma de suas finalidades é definir a ordem de exibição de arquivo e diretórios.

`LC_CTYPE`

Define como o sistema trata certos caracteres. Dessa forma é possível discriminar quais caracteres fazem parte e quais não fazem parte do alfabeto.

`LC_MESSAGES`

Definição de idioma dos avisos emitidos pelos programas (predominantemente os programas GNU).

`LC_MONETARY`

Define a unidade monetária e o formato da moeda.

`LC_NUMERIC`

Define o formato numérico de valores não monetários. A principal finalidade é determinar o separador de milhar e casas decimais.

`LC_TIME`

Define o formato de data e hora.

`LC_PAPER`

Define tamanho padrão de papel.

`LC_ALL`

Sobrepõe todas as demais variáveis.

Opções de idioma em scripts

A maioria das configurações de localização altera a maneira como programas lidam com ordenação numérica e alfabética, alfabeto aceito e formato de números, e grande parte dos programas já tem uma maneira de contornar essa situação. No caso de scripts, é importante definir a variável `LANG=C` para que o script não produza resultados diferentes quando a localização for diferente daquela onde ele foi escrito.

QUESTIONÁRIO

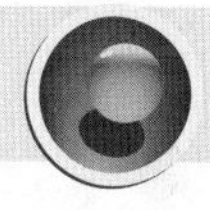

Tópico 107

Revise os temas abordados:

- Administrar contas de usuário, grupos e arquivos de sistema relacionados
- Automatizar e agendar tarefas administrativas de sistema
- Localização e internacionalização

Para responder ao questionário, acesse

https://lcnsqr.com/@aifgk

Tópico 108:

Serviços essenciais do sistema

Principais temas abordados:

- Manutenção e atualização automática da data e hora.
- Administração do serviço de registro de logs.
- Fundamentos de servidores de e-mail.
- Impressoras e filas de impressão.

108.1 Manutenção da data e hora do sistema

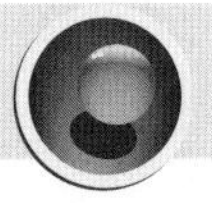

Peso 3

Um sistema com data e hora incorretas pode comprometer o funcionamento de alguns serviços, como manutenções programadas e registro de atividades. Além do ajuste manual da data e hora, é possível fazer o acerto automaticamente a partir de um servidor de tempo centralizado.

Relógios

O kernel do Linux mantém um relógio separado do relógio do hardware (BIOS), sendo que este é lido pelo relógio do kernel apenas durante o boot, passando, logo a seguir, a funcionar separadamente.

O relógio do hardware pode estar em hora local ou em hora universal (UTC). É preferível que esteja em hora universal, pois não será necessário modificá-lo no período de horário de verão, e apenas o relógio de software eventualmente precisará ser manipulado para essas e outras atividades.

O comando `date` é usado para mostrar a hora e data no sistema:

```
$ date
Qui Mai 14 14:07:10 BRT 2009
```

Com a opção `-u`, date mostra o horário em UTC (GMT 0:00):

```
$ date -u
Qui Mai 14 17:08:55 UTC 2009
```

A opção `-u` especifica que a data informada refere-se ao horário UTC. O próprio comando date é usado para alterar o relógio do kernel, como na sintaxe demonstrada a seguir:

```
date MMDDhhmmCCYY.ss
       | | | | | |
       | | | | | └── Segundos (opcional)
       | | | | └──Ano, porção da década (opcional)
       | | | └──Ano, porção do século (opcional)
       | | └── Minutos
       | └── Horas
       └── Dia
     └── Mês
```

Para mostrar ou alterar o relógio do BIOS, é usado o comando hwclock. Com o argumento -w, o comando atualiza o relógio do BIOS tomando como referência a hora do sistema. Com o argumento -s, atualiza a hora do sistema a partir do relógio do BIOS. Como no comando date, o argumento -u indica que será usado o horário UTC.

Em sistemas que empregam o systemd, o comando timedatectl pode ser utilizado para realizar as tarefas relacionadas ao relógio do sistema. Sem argumentos, o comando timedatectl exibe informações detalhadas sobre a hora local:

```
$ timedatectl
                      Local time: sex 2019-04-05 19:43:30 -03
                  Universal time: sex 2019-04-05 22:43:30 UTC
                        RTC time: sex 2019-04-05 22:43:30
                       Time zone: America/Sao_Paulo (-03, -0300)
       System clock synchronized: yes
systemd-timesyncd.service active: yes
                 RTC in local TZ: no
```

O timedatectl aceita subcomandos como argumentos para determinar sua ação. O subcomando status equivale à execução sem argumentos. O subcomando set-time é utilizado para alterar a hora local, informada no formato *AAAA-MM-DD hh:mm:ss*.

NTP — Network Time Protocol

Um computador em rede pode manter seu relógio atualizado comparando a hora com um outro computador na rede que tenha um relógio mais preciso. Isso é possível por meio do protocolo NTP.

Para um sistema usar o NTP, o arquivo /etc/ntp.conf deve estar configurado adequadamente e o serviço ntpd deve estar ativo. O ntpd utiliza o protocolo UDP através da porta de comunicação 123. A seguir, um exemplo de arquivo /etc/ntp.conf simples:

```
server br.pool.ntp.org
server 0.pool.ntp.org
server 1.pool.ntp.org
server 2.pool.ntp.org
driftfile /etc/ntp.drift
```

Neste exemplo foram definidos apenas os servidores NTP e o arquivo drift. Além do termo server, o servidor de hora pode aparecer indicado com os termos pool, broadcast, manycastclient ou peer. As respostas enviadas por todos os servidores são levadas em conta para fazer o ajuste do relógio local. Servidores NTP públicos podem ser encontrados no endereço *www.pool.ntp.org*.

A indicação do arquivo drift é conveniente, pois é nele que o ntpd armazenará as estatísticas de erro, projetando o intervalo de erro do relógio do sistema e atualizando-o.

Para verificar se o ntpd está ativo, pode ser utilizado o comando ntpq:

```
$ ntpq -p
     remote           refid      st t when poll reach   delay   offset  jitter
==============================================================================
-helium.constant  216.218.254.202  2 u   59   64   37    1.023   -4.407   1.567
+mirror           130.173.91.58    2 u   56   64   37   20.830    1.767   1.230
+bindcat.fhsu.ed  132.163.4.103    2 u   58   64   37   50.598   -1.085   1.774
*time-a.timefreq  .ACTS.           1 u   54   64   37   58.947    5.608   2.059
```

A opção -p faz com que o ntpq exiba os servidores de tempo conectados, quando foram consultados pela última vez e a estabilidade das respostas. É possível verificar, por exemplo, quantos segundos se passaram desde a última consulta (coluna *when*) e a diferença em milissegundos entre o relógio local e o remoto (coluna *offset*).

Se já estiver ativo, o ntpd deverá ser reiniciado para utilizar as novas configurações. Quando em execução, o ntpd poderá funcionar como servidor NTP para outras máquinas na rede.

Caso os valores locais de hora difiram do servidor, o ntpd aproximará lentamente a hora, até que ambas sejam correspondentes, evitando assim mudanças bruscas que possam causar confusão no sistema.

Para forçar o ajuste imediato do relógio, é utilizado o comando ntpdate, fornecendo um servidor NTP como argumento:

```
# ntpdate br.pool.ntp.org
14 May 14:43:44 ntpdate[2675]: adjust time server 146.164.53.65 offset -0.010808 sec
```

O exemplo mostrado atualizou (0,010808 segundo) o desvio do relógio local com o relógio do servidor br.pool.ntp.org.

chrony

O *chrony* é um cliente e servidor NTP alternativo cujo foco são sistemas que normalmente estão em trânsito e não estão conectados o tempo todo. Sua configuração é semelhante à do NTP tradicional, os servidores são indicados na diretiva *pool*, e recomenda-se utilizar pelo menos três servidores para uma boa confiabilidade. A opção *iburst* acelera a sincronização inicial. Um exemplo de configuração mínima para o arquivo chrony.conf é dada a seguir:

```
pool pool.ntp.org iburst
driftfile /var/lib/chrony/drift
makestep 1 3
rtcsync
```

Nesse caso, são utilizados os servidores NTP públicos do projeto *pool.ntp.org*. O arquivo indicado por driftfile ajuda a estabilizar o ajuste nas sincronizações futuras. Se o relógio do sistema eventualmente ficar muito diferente do horário correto por qualquer razão, o daemon chronyd deve ser capaz de corrigir rapidamente, e não gradualmente, o que pode levar um tempo longo. Para isso é utilizada a diretiva makestep.

Para manter o relógio de tempo real (RTC) próximo ao tempo correto, de modo que o relógio esteja ajustado ao tempo correto na próxima inicialização, a diretiva rtcsync periodicamente ajusta o relógio de hardware com o relógio do sistema.

O comando chronyc pode consultar o daemon do chrony e obter informações sobre a situação do serviço. Por exemplo, o comando chronyc sources exibe informações sobre as fontes de tempo em utilização pelo sistema. Ao lado dos nomes e endereços IP, são exibidos dados de conectividade e o valor *Stratum*, cujo valor 1 indica que a fonte tem um o relógio de referência conectado localmente. Um valor Stratum 2 indica que a fonte está conectada a uma fonte Stratum 1, Stratum 3 indica que está conectada a um Stratum 2, e assim por diante.

108.2 Log do sistema

Peso 4

Arquivos de log guardam registros das operações no computador. Essas operações estão muitos mais relacionadas aos programas em execução do que às atividades do usuário propriamente dito. Seu uso é especialmente útil em investigações sobre falhas.

A maioria dos arquivos de log é armazenada no diretório /var/log/. Enquanto alguns programas geram os próprios arquivos de log, como o servidores *X* e o *Samba*, a maioria dos logs do sistema são controlados pelo serviço syslog, que tem variantes como o rsyslog e o syslog-ng.

Configuração do Syslog

O syslog é configurado pelo arquivo /etc/syslog.conf. Cada regra de configuração é separada em dois campos, *seletor* e *ação*, separados por espaço(s) ou tabulação(ões). O campo seletor é dividido em duas partes — *facility* e *priority* —, separadas por um ponto.

Facility identifica a categoria da mensagem, se trata de uma mensagem do kernel, erro de autenticação, identificação de hardware etc. Pode ser um dos seguintes termos: auth, authpriv, cron, daemon, ftp, kern, lpr, mail, news, syslog, user, uucp e local0 até local7.

Priority identifica a urgência da mensagem. Quando um programa gera uma mensagem de log, ele próprio atribui uma urgência. O seletor priority identifica qual é essa urgência e encaminha a mensagem para o destino indicado. As mensagens dessa facility mais urgentes também serão encaminhadas para o destino indicado, a menos que seja explicitamente definido o contrário. A prioridade é: da menos urgente para mais urgente: debug, info, notice, warning, err, crit, alert e emerg. O termo none ignora a urgência para a facility em questão.

Tanto facility quanto priority podem conter caracteres modificadores. O caractere asterisco * indica que a regra vale, dependendo de que lado do ponto ela está, para qualquer facility ou priority. Mais de uma facility pode ser especificada para a priority na mesma regra, bastando separá-las por vírgula.

O sinal = confere exclusividade à facility/priority que o sucede. Em contrapartida, o sinal ! faz ignorar a facility/priority que sucede. O sinal ; pode ser usado para separar mais de um seletor para a mesma ação.

O campo *action* ou ação determina o destino dado à mensagem em questão. Geralmente, as mensagens são enviadas para arquivos em /var/log/, mas podem ser direcionadas também para pipes, consoles, máquinas remotas, usuários específicos e para todos os usuários no sistema. Exemplo de /etc/syslog.conf:

```
kern.* /var/log/kernel
kern.crit @192.168.1.11
kern.crit /dev/console
kern.info;kern.!err /var/log/kernel-info
```

Todas as mensagens da facility *kernel* irão para o arquivo /var/log/kernel. Mensagens críticas e maiores irão para a máquina 192.168.1.11 e serão exibidas no console. Mensagens info e maiores, à exceção de mensagens de erro e maiores, irão para o arquivo /var/log/kernel-info.

Após alterações no arquivo /etc/syslog.conf, é necessário reiniciar o daemon syslogd para utilização das novas configurações.

Registro de log via rede

Além de poder enviar mensagens de log para um servidor remoto, é possível fazer com que o Syslog receba e registre mensagens de outras máquinas na rede. Para isso, basta iniciar no servidor o programa syslogd — programa responsável pelo serviço — com a opção -r. A partir daí, as máquinas remotas poderão encaminhar mensagens de log para o servidor. Essa estratégia é útil para evitar eventual perda de arquivos de log gravados localmente em uma máquina.

Como os arquivos de log são continuamente ampliados, é bastante indicado que as mensagens mais antigas sejam movidas, para evitar que o arquivo de log aumente demais.

Essa tarefa é realizada com o uso do programa logrotate. Normalmente, o logrotate é agendado para execução periódica.

Seu arquivo de configuração é /etc/logrotate.conf, com o qual regras de corte, compressão e envio por e-mail, entre outras, podem ser especificadas para cada arquivo de log.

Entradas manuais de log

Por meio do comando logger é possível criar mensagens de log manualmente, informadas como argumento ao comando. A opção -p permite determinar o par *facility.priority* para a mensagem.

Journal do systemd

O padrão **systemd** tem seu próprio mecanismo de registro de logs, chamado *Journal*, que é compatível com o syslog. Para exibir o registro de logs, basta executar o comando journalctl. Para restringir a exibição a um período específico, o journalctl deve ser invocado com as opções --since (desde) ou --until (até). Por exemplo, para exibir apenas os registros a partir de 20 de janeiro de 2019:

```
journalctl --since="2019-01-20"
```

O comando journalctl reproduz o comportamento de ferramentas do syslog e inclui novos recursos. A seguir são descritas algumas dessas funcionalidades:

journalctl -b

Exibe as mensagens do último carregamento do sistema (boot). Para inspecionar as mensagens do carregamento anterior, utiliza-se journalctl -b -1. Do anterior a este, journalctl -b -2, e assim por diante. A lista com cada carregamento registrado é exibida com o comando journalctl --list-boots.

journalctl -k

Exibe as mensagens do *kernel ring buffer*, similar ao comando dmesg.

`journalctl -u unidade`

Exibe as mensagem relacionadas à unidade do systemd indicada. Por exemplo, `journalctl -u postfix.service -f` lista as mensagens relacionadas ao serviço do servidor Postfix. A opção `-f` determina a exibição em tempo real das novas mensagens.

`journalctl -p prioridade`

Exibe as mensagens com a prioridade indicada. As prioridades também podem ser indicadas por seu valor numérico ou por uma sequência, como `err..alert`.

`journalctl -D diretório`

No lugar de exibir as mensagens do sistema atualmente em execução, utiliza as mensagens armazenadas no diretório indicado. Essa opção é especialmente útil quando um sistema foi carregado a partir de uma mídia alternativa para inspecionar um sistema que apresentou falhas. Caso o sistema de arquivos do sistema com problemas tenha sido montado em `/mnt`, seu registro de mensagens poderá ser inspecionado com o comando `journalctl -D /mnt/var/log/journal`.

Com a opção `-x` são exibidas informações explicativas adicionais para cada mensagem, quando disponíveis. O `journalctl` também pode exibir mensagens geradas por um processo ou usuário específico. Por exemplo, as mensagens relacionadas ao processo com PID igual a 1 (o próprio systemd) são exibidas com o comando `journalctl _PID=1`. Mensagens relacionadas ao usuário com UID igual a 0 (root) são exibidas com o comando `journalctl _UID=0`. Como no caso do comando `logger`, um usuário pode escrever mensagens no registro do systemd com o comando `systemd-cat`. Se nenhum parâmetro é informado, o `systemd-cat` escreve o conteúdo recebido via entrada padrão. Se um parâmetro é informado, este é executado como um comando, e sua saída é escrita no registro de mensagens.

O journal mantém o registro de log até o tamanho máximo de 10% de seu respectivo sistema de arquivos. Ou seja, se o diretório que contém os arquivos de log — `/var/log/journal` ou `/run/log/journal` — estiver em um sistema de arquivos de 1000GB, o arquivo de log ocupará até 10GB. Esse limite pode não ser adequado a todos sistemas e pode ser alterado no arquivo de configuração `/etc/systemd/journald.conf`:

```
SystemMaxUse=500M
```

Essa opção limitará o tamanho dos arquivos de registro do journal até o máximo de 500M. Para ter efeito, o daemon `journald` deve ser reiniciado. O tamanho do registro de mensagens também pode ser reduzido manualmente, com as opções `--vacum-size` ou `--vacuum-time`. Por exemplo, `journalctl --vacuum-size=200M` reduzirá as mensagens arquivadas até que seu tamanho seja inferior a 200MB, e `journalctl --vacuum-time=4weeks` excluirá as mensagens com mais de quatro semanas.

108.3 Fundamentos de MTA (Mail Transfer Agent)

Peso 3

O programa responsável por controlar o envio e recebimento de mensagens de correio eletrônico, local e remotamente, é chamado `MTA` — *Mail Transport Agent*. Há várias opções de MTAs, entre as quais o *sendmail*, o *postfix*, o *qmail* e o *exim*. Apesar das diferentes opções, todos os MTAs oferecem algum tipo de compatibilidade com o sendmail, que é o MTA mais tradicional em ambientes Unix. É por isso que o comando `sendmail` pode ser utilizado para realizar as operações relacionadas a administração de e-mail, mesmo que não seja o sendmail o MTA instalado.

O MTA roda como um serviço do sistema, geralmente utilizando a porta 25, responsável pelo protocolo *SMTP*. Caso o serviço de e-mail seja utilizado somente na rede local, é importante bloquear essa porta via firewall, para não deixar o encaminhamento de mensagens aberto (*open relay*) para qualquer usuário.

Em ambientes Unix, é possível interagir com o funcionamento do MTA de diversas formas. Entre as mais comuns está criar um redirecionamento de e-mail.

O redirecionamento pode ser definido no escopo geral do sistema ou pelo próprio usuário. Para definir um redirecionamento geral do sistema, é utilizado `/etc/aliases`. Nele é possível vincular nomes diferentes — conhecidos como *aliases* — para um ou mais destinatários no sistema. Exemplo de `/etc/aliases`:

```
manager: root
dumper: root
webmaster: luciano
abuse: luciano
```

No exemplo, as mensagens enviadas para os usuários *manager* e *dumper* serão encaminhadas para o usuário *root*, e as mensagens enviadas para *webmaster* e *abuse* serão encaminhadas para o usuário *luciano*. Após alterar esse arquivo, é necessário executar o comando `newaliases` para que as alterações entrem em funcionamento. O mesmo resultado é obtido ao se executar o comando `sendmail -bi` ou `sendmail -I`.

Esse tipo de direcionamento é indicado quando se deseja receber as mensagens encaminhadas para outro usuário. Também é possível fazer com que o MTA encaminhe as mensagens recebidas para outro usuário ou endereço de e-mail editando-se o arquivo `.forward` no diretório pessoal. Esse arquivo pode conter um ou mais endereços para os quais os e-mails recebidos pelo usuário em questão serão direcionados. Como começa por um ponto, o arquivo não é exibido. Portanto, é importante verificar se redirecionamentos antigos não estão ativos sem o conhecimento do usuário.

O MTA armazena as mensagens recebidas em uma fila de e-mail, localizada em /var/mail/spool. Para exibir a fila de e-mail e o estado das mensagens sendo transferidas, utiliza-se o comando mailq e os comandos de compatibilidade com o sendmail: sendmail -bp.

108.4 Configurar impressoras e impressão

Peso 2

Uma das principais finalidades de um computador, esteja ou não em rede, ainda é a impressão de documentos. Com o Linux não é diferente, e o programa responsável pelo sistema de impressão chama-se CUPS — *Common Unix Printing System*. O CUPS fornece controle sobre impressoras, filas de impressão, impressão remota e compatibilidade com as ferramentas do sistema de impressão antigo *lpd*.

Utilizando o CUPS

A configuração do CUPS pode ser feita diretamente em seus arquivos de configuração ou usando-se a linha de comando, mas a maneira mais simples é usar a interface Web, acessível por qualquer navegador comum.

Para fazer a configuração usando a interface Web, basta acessar o endereço *http://localhost:631/* (localhost refere-se a própria máquina onde se está trabalhando). Para que a interface de configuração funcione, é fundamental que o servidor de impressão (/usr/sbin/cupsd) esteja ativo. A maioria das distribuições inicia o servidor de impressão no carregamento do sistema.

Administração de impressoras pela linha de comando

A configuração de impressoras e filas de impressão pela linha de comando não é tão simples quanto configurar pela interface Web ou pelo utilitário pelo ambiente de desktop, mas pode ser necessária quando não é possível utilizar a interface web.

O comando lpinfo é usado para obter uma lista dos dispositivos de impressão e protocolos de impressão disponíveis:

```
# lpinfo -v
network socket
network http
network ipp
network lpd
(...)
```

A primeira palavra da lista identifica o tipo do dispositivo. Para impressoras locais, é importante que o módulo do respectivo dispositivo esteja carregado (porta paralela, USB etc.). Pode-se também utilizar a opção `-m` pra listar os modelos de impressoras disponíveis:

```
# lpinfo -m
(...)
C/pcl-550.ppd.gz HP DeskJet 550C - CUPS+Gimp-Print v4.2.7
C/pcl-560.ppd.gz HP DeskJet 560C - CUPS+Gimp-Print v4.2.7
foomatic-ppds/HP/HP-DeskJet_600-hpijs.ppd.gz HP DeskJet 600
Foomatic/hpijs (reco
mmended)
(...)
```

A maior parte das tarefas de administração de impressão pode ser realizada com o comando `lpadmin`:

As opções mais comuns associadas ao comando `lpadmin` são:

`-c classe`

Adiciona a impressora indicada a uma classe. Se a classe não existir, será criada.

`-m modelo`

Especifica qual é o driver padrão da impressora, geralmente um arquivo PPD. A lista de todos os modelos disponíveis é mostrada com o comando `lpinfo -m`.

`-r classe`

Remove a impressora indicada da classe. A classe será apagada ao se tornar vazia.

`-v dispositivo`

Indica o endereço do dispositivo de comunicação da impressora que será utilizada.

`-D info`

Descrição textual para a impressora.

`-E`

Autoriza a impressora a receber trabalhos. Equivalente a utilizar o comando `cupsenable` ou `cupsaccept`.

`-L localização`

Descrição textual para a localização da impressora.

`-P arquivo PPD`

Especifica um arquivo PPD de driver local para a impressora.

O exemplo a seguir adiciona uma impressora local, modelo HP DeskJet 600, ao sistema:

```
lpadmin -p HP_DeskJet_600 \
-E -v parallel:/dev/lp0 -D "HP DeskJet 600" \
-L "Impressora Local" \
-m foomatic-ppds/HP/HP-DeskJet_600-hpijs.ppd.gz
```

A impressora foi adicionada com suas opções padrão (tamanho da folha, qualidade de impressão etc.). Para alterar esses valores, usa-se o comando `lpoptions`. O comando `lpoptions -p HP_DeskJet_600 -l` lista as opções possíveis para a impressora *HP_DeskJet_600* recém-instalada. As opções podem ser alteradas com o próprio comando `lpoptions`. Por exemplo, para definir a opção PrintoutMode como Draft (Rascunho):

```
lpoptions -p HP_DeskJet_600 -o PrintoutMode=Draft
```

Para remover a impressora, usa-se o comando `lpadmin -x`:

```
lpadmin -x HP_DeskJet_600
```

Alternativamente, a impressora pode ser apenas desativada com o comando `cupsdisable`. O estado das impressoras e filas pode ser verificado com o comando `lpstat -a`.

Arquivos de configuração e filas do CUPS

Os arquivos de configuração do CUPS encontram-se em /etc/cups/. Os principais são.

`classes.conf`

Define as classes para as impressoras locais.

`cupsd.conf`

Configurações do daemon cupsd.

`mime.convs`

Define os filtros disponíveis para conversão de formatos de arquivos.

`mime.types`

Define os tipos de arquivos conhecidos.

`printers.conf`

Define as impressoras locais disponíveis.

`lpoptions`

Configurações específicas para cada impressora.

Uma fila de impressão é o diretório temporário onde ficam os trabalhos antes de serem impressos. Por padrão, a fila no sistema de impressão antigo lpd fica em /var/spool/lpd/. No CUPS, é localizada em /var/spool/cups/. Para listar os trabalhos em uma fila de impressão, é usado o comando `lpq`.

Imprimindo arquivos

O comando lpr envia o documento indicado para a fila de impressão. Opções comuns para esse comando são:

-Pxxx

Envia o arquivo para a fila xxx.

-#x

Imprime o documento x vezes.

-s

Não copia o documento para a fila de impressão, mas cria um link simbólico nela.

O comando lpq pode ser utilizado para inspecionar o andamento das tarefas de impressão. Usado na forma lpq -a,mostra os trabalhos em todas as filas do sistema, e lpq -P mostra os trabalhos no computador especificado.

A cada trabalho de impressão é associado um número. Esse número pode ser usado pelo comando lprm para cancelar um trabalho na fila de impressão. O comando lprm sem argumentos cancelará o último trabalho enviado. Informar o nome de um usuário como argumento cancelará todos os trabalhos de impressão desse usuário na fila. Para cancelar todos os trabalhos, usa-se lprm -a ou lprm -.

Impressão remota

Após uma impressora ser instalada na máquina local, ela poderá ser disponibilizada para toda a rede à qual está conectada. Essa configuração pode ser feita na interface de configuração Web do CUPS ou na ferramenta de impressão da distribuição. Se o servidor remoto utiliza o protocolo *Avahi*, as impressoras compartilhadas por ele aparecerão automaticamente para o CUPS. Em todos os casos, a configuração também poderá ser feita editando-se diretamente os arquivos de configuração.

Supondo ser o servidor de impressão a máquina com endereço 192.168.1.11 — a máquina onde a impressora foi configurada — e a rede onde a impressora será compartilhada 192.168.1.0/24, a configuração pode ser feita da forma descrita a seguir, no arquivo /etc/cups/cupsd.conf:

```
<Location />
Order Deny,Allow
Deny From All
Allow From 127.0.0.1
Allow From 192.168.1.0/24 # Liberar para a rede 192.168.1.0/24
</Location>
```

É necessário reiniciar o serviço cupsd para utilizar as novas configurações. Nos demais computadores da rede, basta incluir no arquivo /etc/cups/client.conf:

```
ServerName 192.168.1.11
```

A impressora remota pode ser verificada no terminal com o comando `lpstat -a`:

```
# lpstat -a
HP_DeskJet_600 aceitando solicitações desde Qua 11 Mar 2009 18:34:54 BRT
```

Para que os documentos sejam automaticamente impressos nessa impressora, basta torná-la a impressora padrão com o comando:

```
lpoptions -d HP_DeskJet_600
```

Usando o sistema *Samba*, é possível imprimir com uma impressora instalada em um servidor Microsoft Windows. Para fazê-lo, deve-se escolher o dispositivo "*Windows Printer via SAMBA*" e utilizar a URI (localização) *smb://servidor/impressora* ao instalar uma impressora, substituindo-os pelos valores apropriados. Se o servidor exigir autenticação, a URI deverá ser *smb://usuário:senha@grupo/servidor/impressora*.

QUESTIONÁRIO

Tópico 108

Revise os temas abordados:

- Manutenção da data e hora do sistema
- Log do sistema
- Fundamentos de MTA (Mail Transfer Agent)
- Configurar impressoras e impressão

Para responder ao questionário, acesse

https://lcnsqr.com/@aifgk

Tópico 109:

Fundamentos de rede

Principais temas abordados:

- Protocolos de internet.
- Configuração e resolução de problemas de rede.
- Resolução de nomes DNS.

109.1 Fundamentos dos protocolos de internet

Peso 4

O método de comunicação entre computadores mais tradicional é por meio do protocolo **IP** (*Internet Protocol*). Ao conectar um computador na rede, seja uma rede interna ou diretamente à internet, ele necessariamente precisará obter um endereço IP para poder se comunicar com outras máquinas.

Endereço IP

Endereços IP no formato *X.X.X.X* — conhecidos pelo termo inglês *dotted quad* — são a expressão, em números decimais, de um endereço de rede binário, e cada um dos quatro campos separados por pontos corresponde a um byte, algumas vezes chamado octeto. Por exemplo, o número IP *192.168.1.1* corresponde à forma binária:

```
11000000.10101000.00000001.00000001
```

Esse formato de endereço com 32 bits corresponde ao padrão IP versão 4, ou simplesmente IPv4.

Cada interface de rede em uma mesma rede pode ter mais de um endereço IP, e cada computador pode ter mais de uma interface de rede. Nesses casos, o computador pode estar conectado a diversas redes diferentes.

Para redes locais (LANs), existem faixas específicas de IPs que podem ser usadas e que não devem ser aplicadas a interfaces ligadas à internet. Essas faixas são chamadas classes:

`Classe A`

1.0.0.0 até 127.0.0.0. Endereços de rede de 8 bits e endereços de interfaces de 24 bits. O primeiro octeto do número IP representa o endereço da rede. A máscara de rede padrão é 255.0.0.0. Permite aproximadamente 1,6 milhão de IPs de interface para cada rede.

`Classe B`

128.0.0.0 até 191.255.0.0. Endereços de rede de 16 bits e endereços de interfaces de 16 bits. Os dois primeiros octetos representam o endereço da rede. A máscara padrão é 255.255.0.0. Permite 16.320 redes, com 65.024 IPs de interface para cada rede.

`Classe C`

192.0.0.0 até 223.255.255.0. Endereços de rede de 24 bits e endereços de interfaces de 8 bits. Os três primeiros octetos representam o endereço da rede. A máscara padrão é 255.255.255.0. Permite aproximadamente 2 milhões de redes, com 254 IPs de interface cada uma.

Endereço de rede, máscara de rede e endereço broadcast

Para que os dados possam ser encaminhados corretamente pela rede, a interface de rede precisa conhecer seu número IP, o número IP de destino e a qual rede eles pertencem.

Na maioria dos casos, a rede do IP de destino só será conhecida quando esse IP de destino estiver dentro da mesma rede interna do IP de origem. É possível identificar se um IP pertence a uma rede fazendo o cálculo a partir da máscara de rede. O cálculo é feito a partir da forma binária dos números IP.

```
Máscara de 16 bits
Forma binária: 11111111.11111111.00000000.00000000
Forma decimal: 255.255.0.0

Máscara de 17 bits
Forma binária: 11111111.11111111.10000000.00000000
Forma decimal: 255.255.128.0
```

Na primeira máscara (16 bits), pertencerão à mesma rede os IPs cujos dois primeiros octetos do endereço não difiram entre si. Na segunda máscara (17 bits), pertencerão à mesma rede os IPs cujos dois primeiros octetos e o primeiro bit do terceiro octeto do endereço não difiram entre si. Dessa forma, dois endereços de interface 172.16.33.8 e 172.16.170.3 estarão na mesma rede se a máscara for de 16 bits, mas não se a máscara for de 17 bits.

As máscaras de rede variam dependendo do contexto da rede. Consequentemente, o endereço da rede corresponde à parte do número IP determinado pelos bits marcados da máscara de rede. Para uma máquina 172.16.33.8 com máscara de rede 255.255.0.0, o endereço da rede será 172.16.0.0.

O endereço *broadcast* é o número IP que designa todas as interfaces em uma rede. Para um endereço de rede 172.16.0.0, o endereço broadcast será 172.16.255.255.

Sub-redes

Uma mesma rede pode ser dividida em duas ou mais redes, bastando redefinir a máscara de rede. Dessa forma, uma rede pode ser dividida em redes menores, sem classe, chamadas **CIDR** — *Classless Inter Domain Routing.*

Por exemplo, uma rede cujo endereço é 192.168.1.0 e a máscara de rede é 255.255.255.0 pode ser dividida em duas ao ativar o primeiro bit do quarto octeto na máscara de rede. Os primeiros 25 bits do IP seriam referentes ao endereço da rede.

A divisão em duas sub-redes acontece devido ao 25º bit, que avança sobre o quarto octeto e divide a rede em duas. De maneira semelhante, uma máscara de rede de 26 bits dividiria a rede em quatro, pois as redes resultantes seriam *192.168.1.0*, *192.168.1.64*, *192.168.1.128* e *192.168.1.192*.

Cada sub-rede ocupa dois IPs para seus respectivos endereços de rede e broadcast, portanto, o total de IPs para as interfaces das estações será proporcionalmente reduzido.

Um endereço IP pode demonstrar a informação de endereço da rede, máscara de rede e broadcast em uma forma abreviada. Por exemplo, *192.168.1.129/25*, em que o número 25 após a barra indica a quantidade de bits reservados para o endereço de rede. A partir da máscara de sub-rede 255.255.255.128, conclui-se que o endereço da rede é 192.168.1.128 e o endereço de broadcast é 192.168.1.255.

Rota padrão

Conhecendo o IP de destino e a qual rede ele pertence, o sistema será capaz de encaminhar os dados pela interface de rede correta. Contudo, principalmente quando o destino é uma máquina na internet, dificilmente a interface local estará diretamente conectada à rede do IP de destino. Para esses casos, é necessário estabelecer uma *rota padrão*, ou seja, um endereço IP dentro de uma rede conhecida para onde dados desse tipo serão encaminhados. Mesmo que o IP da rota padrão não esteja diretamente conectado à rede do IP de destino, ele será novamente encaminhado para outra rota padrão, e assim sucessivamente, até que encontre a rede à qual os dados se destinam.

IPv4 e IPv6

O padrão tradicional de 32 bits (quatro octetos de bits) dos números IP é conhecido como IPv4. Há outro padrão mais recente, conhecido como IPv6, que consiste de uma sequência de 128 bits. Esse aumento permite armazenar mais informações e oferecer recursos adicionais. Por exemplo, o IPv6 oferece o recurso de *Neighbor Discovery*. O Neighbor Discovery atua de modo parecido ao ARP no IPv4, porém é capaz de identificar automaticamente as rotas padrão na rede. Isso é possível em função das novas mensagens implementadas no ICMPv6, como *Router Solicitation* e *Router Advertisement*. O IPv6 também elimina a necessidade de NAT em sub-redes. Ao atravessar diferentes roteadores, os pacotes preservam o endereço da origem e incrementam o valor *Hop Count* em seu cabeçalho.

Um endereço IPv6 normalmente é escrito na forma de oito grupos de quatro números hexadecimais. Exemplo de um endereço IPv6:

```
2001:0db8:85a3:08d3:1319:8a2e:0370:7334
```

Cada grupo contém 16 bits e são separados pelo caractere :. Caso seja necessário especificar a porta de serviço IP, a porção do endereço precisa estar entre colchetes. Assim, uma solicitação HTTP na porta 8080 do servidor 2001:0db8:85a3:08d3:1319:8a2e:0370:7334 deve ser feita na forma:

```
http://[2001:0db8:85a3:08d3:1319:8a2e:0370:7334]:8080
```

Endereços IPv6 longos podem ser abreviados simplesmente omitindo-se os zeros da esquerda em cada grupo de 16 bits. Por exemplo, o endereço 2001:0db8:0000:0000:1319:0000:0000:7334 pode ser escrito como 2001:db8:0:0:1319:0:0:7334.

Além disso, sequências de zeros podem ser substituídas por ::, passando o endereço a ser escrito na forma 2001:db8::1319:0:0:7334.

A substituição da sequência só pode ser feita uma vez no endereço, para evitar perda de informação sobre este. Logo, a forma 2001:db8:0:0:1319::7334 também pode ser utilizada. Endereços IPv6 também utilizam a notação CIDR para especificar o prefixo de rede. Sua notação é igual à do IPv4:

```
2001:db8:0:0:1319::7334/64
```

O número *decimal* após o caractere / define a quantidade de bits à esquerda que corresponde ao prefixo da rede.

Os endereços IPv6 são classificados em três tipos: **Unicast**, **Anycast** e **Multicast**:

`Unicast`

O endereço IPv6 Unicast identifica uma única interface de rede. Os pacotes destinados a um endereço Unicast serão encaminhados exclusivamente à interface em questão. Por padrão, os 64 bits à esquerda de um endereço IPv6 Unicast identificam sua rede, e os 64 bits à direita identificam a interface.

`Anycast`

O endereço IPv6 Anycast identifica um conjunto de interfaces de rede. Os pacotes destinados a um endereço Anycast serão encaminhados apenas à interface mais próxima dentro desse conjunto.

`Multicast`

Como o endereço IPv6 Anycast, o endereço IPv6 Multicast identifica um conjunto de interfaces de rede. Os pacotes destinados a um endereço Multicast serão encaminhados a todas as interfaces de rede do conjunto. Apesar de ser semelhante ao *Broadcast* do IPv4, não pode ser confundido com ele. No IPv6 não existe broadcast.

O IPv4 ainda é mais difundido, e é possível a intercomunicação entre os dois padrões. Porém, à medida que cada vez mais dispositivos demandarem o uso de um endereço IP, o padrão IPv6 se tornará o vigente.

Protocolos de rede

Vários protocolos são necessários para a transmissão de dados em uma rede. Protocolos constituem a "linguagem" usada na comunicação entre duas máquinas, permitindo a transmissão de dados. Os principais protocolos são:

`IP - Internet Protocol`

Protocolo base utilizado pelos protocolos TCP, UDP e ICMP para endereçamento.

`TCP - Transfer Control Protocol`

Protocolo de controle de transferência e integridade dos dados transmitidos.

`UDP - User Datagram Protocol`

Exerce a mesma função do TCP, porém o controle fica sob responsabilidade da aplicação.

`ICMP - Internet Control Message Protocol`

Permite a comunicação entre roteadores e hosts, para que identifiquem e relatem o estado de funcionamento da rede.

Portas TCP e UDP

Os protocolos de rede tornam possível a comunicação dos serviços de rede (FTP, HTTP, SMTP etc.), assinalando uma porta específica para cada um deles. Ou seja, além de conhecer o endereço de uma máquina na rede, é necessário indicar em qual porta nesse endereço os dados devem ser transmitidos. É muito importante que todos os computadores interligados respeitem os números de porta corretos para cada serviço. A lista oficial de portas e serviços associados é controlada pela IANA — *Internet Assigned Numbers Authority* — e está disponível em *http://www.iana.org/assignments/port-numbers*. As primeiras 1.024 portas de serviços são reservadas.

No Linux, a lista de serviços conhecidos e de suas portas é armazenada em `/etc/services`. As portas são campos de 16 bits, portanto, existem um máximo de 65.535 portas. A tabela Portas de serviço mostra as principais portas de serviço IP.

Portas de serviço	
Porta	**Serviço**
20	FTP (porta de dados)
21	FTP
22	SSH
23	Telnet
25	SMTP
53	DNS
80	HTTP
110	POP3
119	NNTP (Usenet)

Portas de serviço	
Porta	**Serviço**
139	Netbios
143	IMAP
161	SNMP
443	HTTPS
465	SMTPS
993	IMAPS
995	POP3S

109.2 Configuração persistente de rede

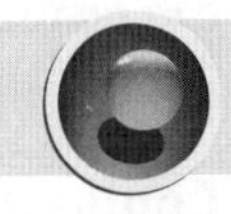

Peso 4

Apesar de os protocolos de rede serem os mesmos para qualquer sistema operacional, cada um deles tem ferramentas e maneiras diferentes de realizar a configuração e ingresso na rede. No Linux existem diferentes caminhos para configurar a rede, sendo que os mais tradicionais envolvem apenas alguns poucos arquivos e comandos.

Arquivos de configuração

Todas as configurações de rede ficam armazenadas dentro de arquivos de texto comuns, no diretório /etc. Apesar de cada distribuição utilizar métodos distintos para realizar as configurações automáticas de rede, todas elas obedecem à padronização tradicional de armazenamento das configurações. A seguir estão descritos alguns dos arquivos mais comuns para definir diferentes aspectos da configuração de rede.

`/etc/hostname`

Arquivo que contém o nome atribuído à máquina local:

`/etc/hosts`

Associa os números IP da rede a nomes. Ele é prático para atribuir um nome mais simples para máquinas acessadas frequentemente ou para pequenas redes, onde um serviço de resolução automática de nomes não é necessário:

$ cat /etc/hosts 127.0.0.1 localhost 162.243.102.48 trilobit

/etc/nsswitch.conf

No arquivo /etc/nsswitch.conf (*Name Service Switch*) são definidas as fontes e a ordem para a tradução de nomes e seus números correspondentes. Termos-chave como *files, nis* e *dns* determinam onde os recursos em questão podem ser encontrados:

hosts: files dns networks: files protocols: db files services: db files ethers: db files rpc: db files netgroup: nis

/etc/resolv.conf

Determina os números IP dos servidores de resolução de nomes DNS.

$ cat /etc/resolv.conf domain lcnsqr.com nameserver 8.8.4.4 nameserver 8.8.8.8 nameserver 209.244.0.3

A primeira linha, *domain lcnsqr.com*, determina que, caso seja solicitada a resolução de um nome sem domínio, automaticamente será incluído o domínio *lcnsqr.com*. Também podem ser utilizado `search lcnsqr.com`, que tem a mesma finalidade.

Configuração da interface

Fundamental para o funcionamento da rede é que a interface de rede esteja configurada corretamente. Se toda a parte estrutural da rede — roteador(es) e cabeamento — estiver corretamente preparada e a interface de rede estiver corretamente identificada pelo sistema operacional, esta poderá ser configurada automaticamente ou manualmente usando-se aplicativos fornecidos pelo ambiente gráfico ou com ferramentas de linha de comando.

Para fazer qualquer configuração é necessário indicar o nome da interface de rede em questão. Em versões mais antigas do Linux, as interfaces de rede cabeada eram nomeadas *eth0*, *eth1* etc., e as interface de rede sem fio eram nomeadas *wlan0*, *wlan1* etc. Esse modelo não deixa evidente a relação entre o nome e o dispositivo de hardware, dificultando a configuração em máquinas com vários dispositivos de rede. Para contornar esse problema, um novo modelo de nomes previsíveis para interfaces foi adotado, tornando mais direta a relação entre a interface identificada pelo sistema operacional e a conexão física. Por ordem de prioridade e disponibilidade, as regras para nomear interfaces são:

1. Nomes que incorporam o índice fornecido pelo BIOS ou Firmware para dispositivos integrados. Por exemplo, *eno1*.
2. Nomes que incorporam o índice da porta PCI Express fornecido pelo BIOS ou Firmware. Por exemplo, *ens1*.
3. Nomes que incorporam a localização física da conexão no barramento em questão. Por exemplo, *enp2s0*.

4. Nomes que incorporam o endereço MAC da interface. Por exemplo, *enx78e-7d1ea46da*.
5. O método tradicional de nomeação. Por exemplo, *eth0*.

O comando mais tradicional para configuração de interfaces de rede é o comando `ifconfig`. Esse comando tem muitas finalidades, mas a principal é definir um endereço IP para a interface de rede, por exemplo:

```
ifconfig eth0 192.168.1.2 up
```

À interface eth0, foi atribuído o endereço IP *192.168.1.2*. Para desativar a interface de rede, utiliza-se *down*:

```
ifconfig eth0 down
```

A máscara de rede para a interface também pode ser especificada com o `ifconfig`:

```
ifconfig eth0 192.168.1.2 netmask 255.255.255.0 up
```

O `ifconfig` também é usado para inspecionar as configurações de uma interface. Sem argumentos, ele mostra as configurações de todas as interfaces ativas do sistema. Para verificar as configurações de uma interface específica, basta fornecer como argumento o nome da interface:

```
# ifconfig eth0
eth0 Link encap:Ethernet Endereço de HW 00:12:3f:fd:80:00
 inet end.: 192.168.1.109 Bcast:192.168.1.255 Masc:255.255.255.0
 endereço inet6: fe80::212:3fff:fefd:8000/64 Escopo:Link
 UP BROADCAST RUNNING MULTICAST MTU:1500 Métrica:1
 pacotes RX:886248 erros:0 descartados:0 excesso:0 quadro:0
 Pacotes TX:820466 erros:0 descartados:0 excesso:0 portadora:0
 colisões:0 txqueuelen:1000
 RX bytes:352704641 (352.7 MB) TX bytes:116209432 (116.2 MB)
```

Apesar de ainda ser possível utilizar o `ifconfig` configurações básicas, outros métodos são recomendados. O mais comum é que as interfaces de rede sejam configuradas ao invocar os comandos `ifup` e `ifdown`, para ativar ou desativar a interface em questão. Esses comandos utilizam arquivos de configuração específicos para cada interface, geralmente localizados em `/etc/network/interfaces` ou `/etc/sysconfig/network-scripts/`.

Em sistemas que utilizam o systemd, a rede pode ser configurada com o serviço do sistema `systemd-networkd.service`. As configurações são armazenadas no diretório `/etc/systemd/network/`, em arquivos `.network`. Também é possível ativar o serviço `systemd-resolved.service`, que, quando ativo, é responsável pela resolução de nomes para as aplicações locais.

NetworkManager

Atualmente a maioria das distribuições adota o NetworkManager para controlar as conexões de rede no sistema. O propósito do NetworkManager é tornar a configuração da rede o mais simples e automática possível. Quando utilizando DHCP, o NetworkManager providencia a alteração das rotas padrão, a obtenção dos endereços IP e a mudança nos servidores de nome, quando necessário. O NetworkManager controla tanto conexões cabeadas quanto redes sem fio, dando preferência à conexão cabeada quando ambas estão disponíveis. Sempre que possível, o NetworkManager tenta manter disponível pelo menos uma conexão de rede.

Configuração automática de rede

Na maior parte dos casos, tanto a configuração da interface quanto das rotas de rede são feitas automaticamente usando-se o recurso de DHCP. O programa DHCP cliente envia uma requisição para a rede por meio da interface especificada e o servidor responde com informações de endereço IP, máscara de rede, broadcast etc., que serão usadas para configurar a interface local.

O NetworkManager é composto por duas partes: um daemon executado com privilégio de root — o `network-manager` — e um aplicativo que faz a interface com o usuário. Por padrão, o daemon do NetworkManager controlará todas as interfaces de rede que não estejam definidas no arquivo `/etc/network/interfaces`.

Existem diversos aplicativos compatíveis que podem ser utilizados pelo usuário para interagir como o NetworkManager. No ambiente gráfico, o próprio ambiente de trabalho oferece aplicativos como o *nm-tray*, *network-manager-gnome* (*nm-applet*) ou *plasma-nm*. Na linha de comando, o próprio NetworkManager oferece os programas `nmcli` e `nmtui` (interface em menus) para interação do usuário. Algumas das tarefas mais comuns que podem ser desempenhadas pelo `nmcli` estão descritas a seguir.

```
Exibir o estado geral do NetworkManager
nmcli general status
```

```
Listar as redes wifi próximas
nmcli device wifi list
Conectar a uma rede wifi
nmcli device wifi connect SSID password senha
Conectar a uma rede oculta
nmcli device wifi connect SSID password senha hidden yes
Conectar a uma rede wifi pela interface wlan1
nmcli device wifi connect SSID password password ifname wlan1 perfil
Desconectar uma interface
nmcli device disconnect ifname eth0
Reconectar uma interface marcada como desconectada
nmcli connection up uuid UUID
Obter uma lista das conexões e informações relacionadas
nmcli connection show
Obter uma lista dos dispositivos de rede e seus estados
nmcli device
Desligar o wifi
nmcli radio wifi off
```

A conectividade geral do sistema pode ser verificada com o comando `nmcli general status`. Se o valor no campo *connectivity* for diferente de *Full* (completa), significa que a conexão com a internet não está totalmente estabelecida. Se o valor for *Portal*, significa que é necessário realizar a identificação via navegador para liberar a conexão.

Para trabalhar com conexões específicas é necessário indicá-las pelo nome ou pelo UUID, que são exibidos na saída de `nmcli connection show`:

```
NAME                UUID                                  TYPE      DEVICE
Conexão cabeada 1   53440255-567e-300d-9922-b28f0786f56e  ethernet  enp0s25
tun0                cae685e1-b0c4-405a-8ece-6d424e1fb5f8  tun       tun0
Hypnotoad           96c3bf20-ccca-442a-83d4-5bd687355a8c  wifi      --
3G                  a2cf4460-0cb7-42e3-8df3-ccb927f2fd88  gsm       --
```

Nessa saída também pode ser verificado o tipo da conexão, podendo ser *ethernet*, *wifi*, *tun*, *gsm*, *bridge* etc. O NetworkManager também aceita diversos *plugins* que expandem suas funcionalidades, como o plugin para conexões VPN.

109.3 Soluções para problemas de rede simples

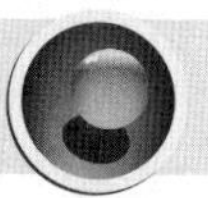

Peso 4

A etapa mais importante para corrigir uma rede com problemas é identificar a origem da falha. Diversos comandos podem ser usados para essa finalidade, cada um com uma aplicação específica.

Inspecionando a configuração

O primeiro passo na identificação de um problema na rede é verificar a configuração da interface. Isso pode ser feito com o próprio comando `ifconfig` ou com o comando `ip`, que oferece mais opções de análise e configuração.

O comando `ip` pode ser utilizado tanto para definir configurações específicas de uma interface quanto para inspecionar e redefinir outros aspectos relativos à comunicação IP. A seguir, alguns exemplos de uso do comando `ip`:

`ip addr`

Exibe os endereços atribuídos a todas as interfaces.

`ip neigh`

Exibe a tabela atual de vizinhos atuala no kernel.

`ip link set eth0 up`

Ativa a interface eth0.

`ip link set eth0 down`

Desativa a interface eth0.

`ip route`

Exibe a tabela de rotas.

Como com o comando `ifconfig`, o comando `ip` também pode exibir estatísticas de tráfego para a interface, com a opção `-s`:

```
$ ip -s link show eth0
2: eth0: <BROADCAST,MULTICAST,UP,LOWER_UP> mtu 1500 ...
    link/ether b8:27:eb:fd:3c:60 brd ff:ff:ff:ff:ff:ff
    RX: bytes  packets  errors  dropped overrun mcast
    4218143360 9408337  10      0       0       0
    TX: bytes  packets  errors  dropped carrier collsns
    1207160937 4840071  0       0       0       0
```

Os valores indicados em *RX* correspondem aos dados recebidos, e os valores indicados em *TX* correspondem aos dados enviados.

Configuração de rotas

O comando route mostra e cria rotas de rede. Exemplo de tabela de rotas, exibida com o comando `route -n`:

```
# route -n
Tabela de Roteamento IP do Kernel
Destino         Roteador        MáscaraGen.     Opções Métrica Ref    Uso Iface
0.0.0.0         192.168.1.1     0.0.0.0         UG     303     0      0 wlan0
10.8.0.0        10.8.0.2        255.255.255.0   UG     0       0      0 tun0
10.8.0.2        0.0.0.0         255.255.255.255 UH     0       0      0 tun0
192.168.1.0     0.0.0.0         255.255.255.0   U      303     0      0 wlan0
192.168.2.0     0.0.0.0         255.255.255.0   U      202     0      0 eth0
```

O campo *Opções* mostra o estado de funcionamento da rota, podendo conter os seguintes caracteres:

- `U`: Rota ativa e funcional.
- `H`: O alvo é um host.
- `G`: É a rota gateway.
- `R`: Restabelecer rota por roteamento dinâmico.
- `D`: Rota estabelecida dinamicamente por daemon ou redirecionamento.
- `M`: Modificada por daemon ou redirecionada.
- !: Rota rejeitada.

Por exemplo, para criar uma rota na interface eth0, para a rede 192.168.1.0, usando a máscara de rede 255.255.255.0:

```
route add -net 192.168.1.0 netmask 255.255.255.0 dev eth0
```

Para criar uma rota padrão pela máquina *192.168.1.1* (*default gateway*):

```
route add default gw 192.168.1.1
```

Outra maneira de criar a rota padrão é criar uma rota para a rede 0.0.0.0, ou seja, qualquer rede que não tenha uma rota especificada:

```
route add -net 0.0.0.0 dev eth0
```

Por sua vez, o comando para remover a rota padrão é:

```
route del default
```

O comando ip também pode ser utilizado para manipular rotas. Em particular, o comando ip route del default remove a rota padrão.

Verificação da conectividade

Quando existe uma suspeição de que alguns pontos da rede não estão respondendo, o comando ping pode ser usado para verificar a conectividade da rede. Utilizando o protocolo ICMP, ele simplesmente envia uma pequena quantidade de dados para uma máquina especificada e aguarda uma resposta. Se a máquina remota responder, significa que a configuração básica da rede está funcionando.

O comando ping pode ser utilizado, por exemplo, para verificar a conectividade com a rota padrão. A primeira linha do comando ip route mostra qual é a rota padrão:

```
$ ip route | head -n1
default via 10.8.0.1 dev tun0
```

Como todos os pacotes para fora das redes locais serão encaminhados para a rota padrão, é essencial que esse endereço esteja respondendo corretamente. O comando a seguir envia três requisições de resposta para o endereço da rota padrão identificado no exemplo:

```
$ ping -c3 10.8.0.1
PING 10.8.0.1 (10.8.0.1) 56(84) bytes of data.
64 bytes from 10.8.0.1: icmp_seq=1 ttl=64 time=5.51 ms
64 bytes from 10.8.0.1: icmp_seq=2 ttl=64 time=3.25 ms
64 bytes from 10.8.0.1: icmp_seq=3 ttl=64 time=3.14 ms

--- 10.8.0.1 ping statistics ---
3 packets transmitted, 3 received, 0% packet loss, time 2002ms
rtt min/avg/max/mdev = 3.143/3.971/5.516/1.093 ms
```

Com essa saída, verifica-se que o servidor respondeu corretamente e a rota está funcionando como se espera. Caso a opção -c não seja informada, as solicitações serão enviadas indefinidamente. No caso de endereços IPv6, deve ser utilizado o comando ping6 ou o comando ping -6, que utilizarão o protocolo ICMPv6.

Caso a rota padrão esteja respondendo corretamente, mas ainda seja possível identificar problemas de conectividade com um destino fora da rede local, o problema pode estar além do gateway padrão. Para identificar em qual ponto as conexões não seguem adiante, existe o comando traceroute. O traceroute mostra as rotas percorridas por um pacote até chegar ao seu destino. Limitando o campo *TTL* (*Time To Live*) dos pacotes, ele recebe respostas de erro *ICMP TIME_EXCEEDED* de cada máquina ao longo do trajeto e pode exibir onde a comunicação é interrompida:

```
# traceroute -n 143.107.151.109
traceroute to 143.107.151.109 (143.107.151.109), 30 hops max, 60 byte packets
 1  10.8.0.1  8.057 ms  8.062 ms  8.696 ms
 2  192.168.1.1  8.714 ms  8.720 ms  8.726 ms
 3  * * *
 4  187.100.186.58  16.160 ms 187.100.186.60  16.169 ms 187.100.186.58  16.174 ms
 5  187.100.197.62  16.727 ms 187.100.187.236  33.941 ms 187.100.197.62  16.722 ms
 6  187.16.216.20  17.302 ms  8.885 ms  12.168 ms
 7  143.107.251.30  12.079 ms  12.098 ms  12.071 ms
 8  * * *
 9  143.107.151.109  10.839 ms  13.074 ms  11.294 ms
```

Assim como a maioria dos comandos de rede, a opção -n determina que sejam exibidos apenas os números IP, sem os nomes de domínio. O exemplo mostra todas as máquinas por onde passou o pacote até que chegue ao destino, o IP 143.107.151.109. Quando são exibidos os três asteriscos, significa que o nó correspondente não enviou uma resposta adequada, mas a comunicação pode ser estabelecida. Como no caso do comando ping, os comandos traceroute6 ou traceroute -6 devem ser utilizados para conexões IPv6.

Análise de uso

Se todas as configurações de rede estiverem em ordem e ainda assim existirem problemas de conectividade, é possível que as falhas estejam em outros pontos da rede. Um comando importante para analisar o tráfego e a resposta das máquinas remotas é o netstat. Por exemplo, é possível inspecionar todas as conexões do protocolo TCP ativas:

```
$ netstat -tn
Active Internet connections (w/o servers)
Proto Recv-Q Send-Q Local Address           Foreign Address         State
tcp        0      0 162.243.102.48:39880    162.243.102.48:443      TIME_WAIT
tcp        0      0 162.243.102.48:80       177.58.227.125:4723     ESTABLISHED
tcp        0      0 162.243.102.48:80       177.58.227.125:4727     ESTABLISHED
tcp        0      0 162.243.102.48:80       177.58.227.125:4722     ESTABLISHED
tcp        0    300 162.243.102.48:22       187.101.172.60:47980    ESTABLISHED
tcp        0      0 162.243.102.48:443      187.101.172.60:53030    TIME_WAIT
```

A opção -n determina que sejam mostrados apenas os números IPs, e a opção -t determina a configuração apenas das conexões do protocolo TCP. Para exibir continuamente as novas conexões, basta informar a opção -c.

O netstat também agrega algumas funções de outros comandos. Com a opção -i, exibe todas as interfaces de rede ativas e estatísticas relacionadas:

```
$ netstat -i
Tabela de Interfaces do Kernel
Iface        MTU    RX-OK RX-ERR RX-DRP RX-OVR    TX-OK TX-ERR TX-DRP TX-OVR Flg
enp0s25     1500  6153080      0      0 0      11359388      0      0      0 BMRU
lo         65536       62      0      0 0            62      0      0      0 LRU
tun0        1500  6140361      0      0 0      11346993      0    107      0 MOPRU
```

Com a opção -r, exibe a tabela de rotas do sistema:

```
$ netstat -nr
Tabela de Roteamento IP do Kernel
Destino         Roteador        MáscaraGen.     Opções  MSS Janela  irtt Iface
0.0.0.0         10.8.0.1        0.0.0.0         UG        0 0          0 tun0
10.8.0.0        0.0.0.0         255.255.255.0   U         0 0          0 tun0
10.8.0.1        0.0.0.0         255.255.255.255 UH        0 0          0 tun0
192.168.2.0     0.0.0.0         255.255.255.128 U         0 0          0 enp0s25
```

O comando ss conta com as mesmas funcionalidades do netstat, mas pode exibir mais detalhes sobre *sockets* em geral. Para exibir somente os sockets TCP, o ss deve ser invocado com a opção -t ou --tcp.

109.4 Configurar cliente DNS

Peso 2

O serviço responsável por traduzir nomes — como *www.lpi.org* — para números IP — como 69.90.69.231 —, e vice-versa, chama-se DNS (*Domain Name System*, ou Sistema de Nomes de Domínio). A configuração incorreta do DNS resulta em uma rede praticamente inoperante, pois a imensa maioria das máquinas remotas é acessada por nome, e não diretamente pelo seu número IP.

Configurações

A resolução de nomes pode apresentar problemas em várias esferas. Em caso de mau funcionamento, um dos primeiros arquivos a ser verificado é o /etc/nsswitch.conf. Nele, a entrada hosts determina qual será a ordem em que a tradução de nomes ocorrerá.

```
hosts: files dns
```

Via de regra, consulta-se primeiro o arquivo /etc/hosts (especificado pelo termo *files*). Em seguida, caso o nome consultado não seja encontrado no arquivo, será consultado um servidor DNS especificado no arquivo /etc/resolv.conf (especificado pelo termo *dns*).

O arquivo /etc/hosts é bastante simples. Nele, os números IP são posicionados ao lado dos respectivos nomes:

```
# cat /etc/hosts
127.0.0.1 localhost
162.243.102.48 trilobit
```

Mais de um nome pode ser atribuído a um mesmo IP, atuando como um alias para o mesmo IP. Basta incluí-lo, separado por espaço, ao final da linha correspondente.

No arquivo /etc/resolv.conf são indicados principalmente os números IP dos servidores DNS, ou seja, os computadores que fazem a tradução de um nome para um número IP. A entrada fundamental no /etc/resolv.conf é nameserver, que define o servidor DNS. Outras entradas nameserver podem estar indicadas, para o caso de o primeiro servidor DNS estar fora do ar ou muito ocupado:

```
# cat /etc/resolv.conf
domain lcnsqr.com
nameserver 8.8.4.4
nameserver 8.8.8.8
nameserver 209.244.0.3
```

Outra entrada do arquivo /etc/resolv.conf é a entrada domain ou search. Ela define um domínio padrão de busca. Assim, quando for consultado um nome sem domínio, automaticamente será incluído o domínio definido na entrada search. Esse recurso é especialmente útil para o domínio da rede local, eliminando a necessidade de especificar o nome de domínio completo de uma máquina toda vez que seu nome for consultado manualmente.

Checagem do DNS

O comando host pode ser utilizado para testes mais simples de resolução de nomes. Por exemplo, traduzir o domínio *www.fsf.org* para um número IP:

```
# host www.fsf.org
Host www.fsf.org not found: 5(REFUSED)
```

No caso do exemplo, o teste não foi bem-sucedido, e a tradução para número IP não aconteceu. É possível indicar um servidor DNS específico logo após o nome sendo testado:

```
# host www.fsf.org 208.67.222.222
Using domain server:
Name: 208.67.222.222
Address: 208.67.222.222\#53
Aliases:

www.fsf.org is an alias for fsf.org.
fsf.org has address 140.186.70.59
fsf.org mail is handled by 10 mail.fsf.org.
fsf.org mail is handled by 20 mx20.gnu.org.
```

Ao especificar o servidor DNS 208.67.222.222, foi possível traduzir o nome para IP. Isso indica que não há servidor DNS especificado no arquivo/etc/resolv.conf ou o servidor indicado no arquivo não está respondendo.

Nome local

É possível que a máquina local tenha um nome diferente daquele que a identifica na rede. Isso não é um problema, mas é importante que o nome local da máquina reflita um IP local válido — geralmente o IP da interface lógica local: 127.0.0.1. Para identificar o nome local da máquina, pode ser usado o comando hostname ou hostnamectl. Esses mesmos comandos também podem ser utilizados para alterar o nome da máquina local.

O comando dig (*Domain Information Groper*) retorna informações mais avançadas para o diagnóstico de problemas em servidores DNS. Se nenhum argumento for utilizado, o comando realizará o teste padrão no(s) servidor(es) encontrados no arquivo /etc/resolv.conf. Para utilizar um servidor específico, basta indicá-lo após o caractere @:

```
# dig lcnsqr.com @208.67.222.222

; <<>> DiG 9.8.4-rpz2+rl005.12-P1 <<>> lcnsqr.com @208.67.222.222
;; global options: +cmd
;; Got answer:
;; ->>HEADER<<- opcode: QUERY, status: NOERROR, id: 31219
;; flags: qr rd ra; QUERY: 1, ANSWER: 1, AUTHORITY: 0, ADDITIONAL: 0
```

```
;; QUESTION SECTION:
;lcnsqr.com. IN A

;; ANSWER SECTION:
lcnsqr.com. 3600 IN A 162.243.102.48

;; Query time: 48 msec
;; SERVER: 208.67.222.222#53(208.67.222.222)
;; WHEN: Sat Nov 8 16:14:45 2014
;; MSG SIZE rcvd: 44
```

Essa resposta mostra que o domínio lcnsqr.com foi localizado pelo servidor DNS indicado. O trecho *QUESTION* mostra qual foi o nome pesquisado, e o trecho *ANSWER* mostra qual foi a resposta do servidor consultado. Por padrão, o registro DNS consultado é o registro *A*. Para indicar outro tipo de registro, como *NS*, *MX* ou *AAAA*, basta indicá-lo com a opção -t.

QUESTIONÁRIO

Tópico 109

Revise os temas abordados:

- Fundamentos de protocolos de internet
- Configuração persistente de rede
- Soluções para problemas simples de rede
- Configurar cliente DNS

Para responder ao questionário, acesse

https://lcnsqr.com/@aifgk

Tópico 110:

Segurança

Principais temas abordados:

- Localizar brechas de segurança no sistema.
- Limitar os recursos disponíveis ao usuário.
- Criptografia de dados.

110.1 Tarefas administrativas de segurança

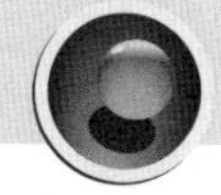

Peso 3

A segurança do sistema depende de várias tarefas periódicas de verificação. Além de proteger o sistema contra atitudes mal-intencionadas, é importante evitar que mesmo eventos não intencionais prejudiquem o funcionamento do sistema.

Verificações de permissão

Comandos com permissão SUID e SGID garantem privilégios especiais a quem os executa. Um comando alterado que contenha essa permissão especial poderá dar acesso de root a um usuário comum. Portanto, é importante monitorar quais arquivos detêm essas permissões, para evitar invasões ou danos ao sistema.

O comando `find` pode ser utilizado para a finalidade de encontrar arquivos SUID e SGID:

```
# find / -perm -4000 -or -perm -2000
/bin/su
/bin/ping
/bin/mount
/bin/ping6
/bin/umount
(...)
```

As opções `-perm -4000` e `-perm -2000` identificam apenas os arquivos com as permissões SGID e SUID. Também pode ser utilizada a opção `-user root` para listar somente os arquivos pertencentes ao usuário *roor*. Vários comandos devem ter essas permissões especiais, mas a maioria dos comandos não deve. Para facilitar a checagem, é útil gerar uma lista detalhada com o mesmo comando. Essa lista pode ser salva diariamente (provavelmente por um agendamento no crontab) por meio do comando:

```
find / \( -perm -4000 -or -perm -2000 \) \
-exec ls -l '{}' \; > /var/log/setuid-$(date +%F)
```

Esse comando gerará um arquivo de nome *setuid-ano-mês-dia*, que poderá ser comparado ao arquivo do dia anterior por meio do comando `diff`:

```
# diff /var/log/setuid-2006-05-02 /var/log/setuid-2006-05-03
2c2
< -rws--x--x 1 root bin 29364 2005-09-07 17:46 /bin/ping
```

```
...
> -rws--x--x 1 root bin 29974 2005-09-07 17:46 /bin/ping
```

Essa saída mostra que o arquivo /bin/ping mudou de tamanho em relação ao registro anterior. Supõe-se que tenha sido substituído por um programa malicioso, devendo ser excluído e reinstalado adequadamente. É importante rastrear os logs do sistema atrás de possíveis origens dessa alteração.

Outras buscas por brechas no sistema podem ser realizadas pelos seguintes comandos:

```
find / -path /dev -prune -perm -2 -not -type l
```

Esse comando procura arquivos com permissão de escrita para todos os usuários, com exceção do diretório /dev. Arquivos de configuração do sistema poderiam ser alterados com o intuito de viabilizar invasões ou danos ao sistema.

Para procurar arquivos sem dono ou sem grupo, que sugerem que o sistema tenha sido invadido, o comando apropriado seria:

```
# find / \( -nouser -o -nogroup \)
```

Após a identificação, esses arquivos — salvo raras exceções — devem ser excluídos.

Inspeção de usuários

O usuário root pode interferir em processos de outros usuários e modificar seus arquivos. O root pode até checar quem está usando o sistema com o comando who. Com o comando w, o usuário root pode verificar quem está utilizando o sistema e sua atividade no momento atual.

O comando lastlog exibe quando foi a última vez que cada usuário entrou no sistema. A seguir, um trecho da saída produzida pelo comando laslog:

```
$ lastlog
Nome de Usuário          Porta    De              Último
root             pts/2    179.232.117.183   Sex Abr 12 08:10:35 -0300 2019
daemon                                       **Nunca logou**
lcnsqr           pts/6    189.97.72.216     Ter Abr  2 14:07:23 -0300 2019
```

A saída do laslog pode ser bastante extensa, pois ele exibe as informações para todos os usuários. Na saída de exemplo, apenas os usuários *root* e *lcnsqr* ingressaram nesse sistema. Contas de sistema — como *daemon* — devem estar indicadas com **Nunca logou**. Caso contrário, é possível que tenha havido uma invasão e o sistema pode ter sido comprometido.

O comando last tem finalidade semelhante, mas exibindo os últimos ingressos de usuários no sistema. Para verificar os últimos ingressos de um usuário específico, basta fornecer seu nome de usuário como argumento:

```
$ last lcnsqr
lcnsqr   pts/1        189.97.72.216    Fri Apr 12 16:16 - 16:19  (00:03)
lcnsqr   pts/1        189.97.72.216    Fri Apr 12 16:10 - 16:10  (00:00)
lcnsqr   pts/1        189.97.72.216    Fri Apr 12 16:08 - 16:09  (00:01)
lcnsqr   pts/17       187.101.172.60   Thu Apr 11 14:21 - 14:21  (00:00)
wtmp begins Mon Apr 1 08:29:49 2019
```

O comando last reboot mostra quando o sistema foi ligado pela última vez, ou seja, desde quando está ligado. O usuário root pode verificar também se houve tentativas malsucedidas de ingresso no sistema com o comando lastb.

Senhas de usuários

Senhas muito antigas podem ser uma brecha de segurança caso os usuários costumem compartilhar suas senhas. Além disso, senhas muito simples costumam ser a maior porta de entrada para invasões. As definições sobre a vida útil de senhas e aspectos relacionados são armazenadas no arquivo /etc/shadow. Cada linha corresponde a uma conta de usuário, em campos separados por ":", representando:

1. Nome de acesso.
2. Senha criptografada.
3. Dias decorridos entre 1º de janeiro de 1970 e a última alteração da senha.
4. Número de dias até que a senha deva ser alterada.
5. Número de dias após os quais a senha deve ser alterada.
6. Número de dias para advertir o usuário sobre a senha a expirar.
7. Número de dias, depois de a senha expirar, até que a conta seja bloqueada para uso.
8. Dias decorridos entre 1 de janeiro de 1970 e a data em que a conta foi bloqueada.
9. Campo reservado.

Além de alterar senhas, o comando passwd também pode alterar essas definições, utilizando uma ou mais das opções:

`passwd -x dias nome_do_usuário`

Número máximo de dias que a senha permanecerá válida.

passwd -n dias nome_do_usuário

Mínimo de dias até que o usuário possa trocar uma senha modificada anteriormente.

passwd -w dias nome_do_usuário

Dias anteriores ao fim da validade da senha em que será emitido um aviso a respeito.

passwd -i dias nome_do_usuário

Inatividade ou tolerância de dias após a senha ter expirado até que a conta seja bloqueada.

Por exemplo, para alterar as validades de senha para a conta *lcnsqr*:

```
# passwd -x 30 -n 1 -w 7 -i 7 lcnsqr
```

Outra opção importante do passwd com finalidade semelhante é a -e, que provoca a expiração imediata da senha, e a -d, que apaga a senha para a conta especificada.

Quando a opção -g é usada, a senha do grupo especificado é alterada. Seguida de -r, remove a senha, e seguido de -R, restringe o acesso a todos usuários. Essa tarefa só pode ser realizada pelo usuário root ou pelo administrador do grupo.

Uma conta pode ser bloqueada com passwd -l e liberada com passwd -u. O estado atual da conta pode ser verificado com passwd -S:

```
# passwd -S lcnsqr
lcnsqr P 05/03/2019 1 30 7 7
```

Essa saída representa:

- lcnsqr: login referente à conta.
- P: um P significa que o usuário tem uma senha utilizável; NP significa que ele não tem qualquer senha; L representa uma conta bloqueada.
- 05/03/2019: data da última mudança de senha.
- 1: limite mínimo de dias da senha.
- 30: limite máximo de dias da senha.
- 7: dias de aviso.
- 7: limite de dias de inatividade até que a conta seja bloqueada após a senha ter expirado.

Os atributos da senha e validade de conta também podem ser alterados com um comando específico, chamado chage. Seus principais argumentos são:

chage -m

Mínimo de dias até que o usuário possa trocar uma senha modificada.

`chage -M`

Número máximo de dias pelos quais a senha permanecerá válida.

`chage -d`

Número de dias decorridos, em relação a 1º/01/1970, desde que a senha foi mudada. Também pode ser expresso no formato de data local (dia/mês/ano).

`chage -E`

Número de dias decorridos, em relação a 1º/01/1970, a partir dos quais a conta não estará mais disponível. Também pode ser expresso no formato de data local (dia/mês/ano).

`chage -I`

Tolerância de dias após a senha ter expirado até que a conta seja bloqueada.

`chage -W`

Dias anteriores ao fim da validade da senha nos quais será emitido um aviso a respeito da data de expiração.

Por exemplo, para determinar a data de bloqueio de uma conta, o comando adequado é:

```
# chage -E 04/05/2020 lcnsqr
```

O uso do `chage` é restrito ao usuário root. Porém, usuários comuns podem usar o `chage` com a opção `-l` para verificar as definições de suas respectivas contas:

```
$ chage -l lcnsqr
Maximum: 30
Minimum: 1
Warning: 7
Inactive: 1
Last Change: Mai 03, 2016
Password Expires: Jun 02, 2020
Password Inactive: Jun 03, 2020
Account Expires: Abr 05, 2022
```

Tanto o comando `passwd` quanto o `chage` entram em modo de configuração interativa se as opções não forem passadas. O usuário assumido será sempre o atual, caso um usuário não seja especificado como argumento.

O comando `usermod` agrega muitas dessas funções de alteração de conta de usuário. Suas principais opções são:

`usermod -c descrição`

Descrição do usuário.

`usermod -d diretório`

Altera o diretório do usuário. Com o argumento `-m`, move o conteúdo do diretório atual para o novo.

`usermod -e valor`

Prazo de validade da conta, especificado no formato *dd/mm/aaaa*.

`usermod -f valor`

Número de dias, após a senha ter expirado, até que a conta seja bloqueada. Um valor *-1* cancela essa função.

`usermod -g grupo`

Grupo efetivo do usuário.

`usermod -G grupo1, grupo2`

Grupos adicionais para o usuário.

`usermod -l nome`

Nome de login do usuário.

`usermod -p senha`

Senha.

`usermod -u UID`

Número de identificação (UID) do usuário.

`usermod -s shell`

Shell padrão do usuário.

`usermod -L`

Bloqueia a conta do usuário, colocando um sinal ! na frente da senha criptografada. Uma alternativa é substituir o shell padrão do usuário por um script ou programa que informe as razões do bloqueio.

`usermod -U`

Desbloqueia a conta do usuário, retirando o sinal ! da frente da senha criptografada.

Apesar de a maioria dessas configurações poder ser alterada diretamente nos arquivos `/etc/passwd`e `/etc/shadow`, é recomendada a utilização dos comandos apropriados para evitar configurações incorretas ou corrupção dos arquivos.

Acesso como root

Para um usuário comum entrar na conta de root, é usado o comando `su`. Será necessário informar a senha do usuário root para efetuar o login.

Usando apenas `su`, sem argumentos, a nova sessão herdará as configurações de ambiente da sessão anterior, como variáveis de ambiente e de sessão. Se usado na forma `su -l`, `su --login` ou `su -`, uma sessão totalmente distinta será criada, como a sessão criada a partir de um login tradicional.

Para que um usuário possa realizar tarefas de root, porém sem que tenha conhecimento da senha da conta root, existe o comando sudo. Esse comando permite a um usuário ou a um grupo de usuários executar comandos reservados somente ao usuário root. Via de regra, esse privilégio é cedido somente aos usuários que pertencem a um grupo administrativo, como o grupo *admin* ou o grupo *sudo*. Por exemplo, um usuário de grupo administrativo pode manipular a tabela de partições do disco /dev/sda invocando o fdisk com o sudo:

```
$ sudo fdisk /dev/sda
```

Normalmente é solicitada a senha do próprio usuário para executar a ação solicitada. As permissões de uso do sudo são determinadas no arquivo /etc/sudoers. É nesse arquivo que os usuários ou grupos de usuários com permissão de utilizar o comando sudo são especificados.

A edição do arquivo de configuração /etc/sudoers deve ser feita com o comando visudo, para garantir que o arquivo não será corrompido por uma alteração concorrente. A seguir, alguns exemplos de definições possíveis:

`%admin ALL=(ALL) ALL`

Usuários do grupo *admin* podem executar todos os comandos após informar suas senhas.

`%admin ALL=(ALL) NOPASSWD: ALL`

Usuários do grupo *admin* podem executar todos os comandos sem necessidade de informar suas senhas.

`luciano ALL=(ALL) NOPASSWD: ALL`

Usuário *luciano* pode executar todos os comandos sem necessidade de informar sua senha.

`%admin ALL = NOPASSWD: /bin/killall`

Usuários do grupo *admin* podem executar o comando /bin/killall sem necessidade de informar suas senhas.

`luciano ALL=/sbin/mount /mnt/cdrom, /sbin/umount /mnt/cdrom`

Usuário *luciano* poderá executar os comandos /sbin/mount /mnt/cdrom e /sbin/umount /mnt/cdrom após inserir sua senha.

`luciano ANY = NOPASSWD: /usr/bin/lastb, PASSWD: /bin/kill`

Usuário *luciano* pode executar o comando /usr/bin/lastb sem senha, e o comando /bin/kill após inserir sua senha.

Um usuário pode consultar suas permissões ao executar o comando `sudo -l` ou `sudo --list`. Também serão exibidos os comandos que não podem ser usados pelo usuário atual. Se a opção for indicada duas vezes, como em `sudo -ll`, informações mais detalhadas serão exibidas.

Limitação de recursos

Usuários comuns podem provocar lentidão e até panes no sistema se utilizarem exageradamente os recursos da máquina. Mesmo que não intencionalmente, um usuário pode provocar instabilidade no sistema ao causar o travamento de um serviço. O uso da memória, a quantidade de arquivos abertos, o tempo de CPU, o número de processos e até o tamanho do arquivo de núcleo (*core file*) gerado após um travamento podem ser limitados pelo `ulimit`.

O `ulimit` é um comando que age no âmbito de uma sessão do Bash. Logo, os limites são válidos para a sessão do shell atual, assim como para sessões e processos disparados a partir dela. Geralmente, os limites são estabelecidos nos arquivos de configuração de sessão.

Para cada recurso, pode ser determinado um limite *soft* e um limite *hard*, especificados pelas opções `-S` e `-H`, respectivamente. O limite hard representa o valor máximo, e o limite soft representa o valor de alerta, até que o limite hard seja alcançado. Se não forem especificados `-S` ou `-H`, o mesmo limite indicado será definido para ambos os fatores. Opções mais comuns de `ulimit` são:

`ulimit -a`

Mostra os limites atuais.

`ulimit -f`

Especifica o número máximo de arquivos que poderão ser usados na sessão do shell.

`ulimit -u`

O número máximo de processos disponíveis ao usuário.

`ulimit -v`

O montante máximo de memória virtual disponível ao shell.

Portanto, para estabelecer em 100 o limite máximo de processos:

```
ulimit -Su 100
```

Para permitir que o usuário acresça esse limite até o máximo de 200:

```
ulimit -Hu 200
```

Se nenhuma opção for fornecida, o recurso alterado, por padrão, será -f (limite de arquivos criados). Sem um valor de limite, o ulimit exibirá o limite soft atual para a opção fornecida.

Verificando portas abertas no sistema

O programa nmap é utilizado para rastrear portas de serviços ativas. Seu uso mais simples é sem nenhum argumento, especificando apenas um nome ou endereço de máquina a ser rastreada:

```
# nmap mac-desktop

Starting Nmap 6.45 ( http://nmap.org ) at 2014-11-08 15:24 BRST
Nmap scan report for mac (192.168.1.118)
Host is up (0.00022s latency).
rDNS record for 192.168.1.118: mac-desktop.lcnsqr.com
Not shown: 999 closed ports
PORT STATE SERVICE
22/tcp open ssh
MAC Address: 00:16:CB:93:EA:14 (Apple)

Nmap done: 1 IP address (1 host up) scanned in 61.13 seconds
```

A saída mostra que a porta 22/tcp (servidor SSH) está aberta a conexões. O nmap tem muitas opções de rastreamento. É possível, por exemplo, fazer um rastreamento para tentar descobrir as portas passíveis de conexão e qual é o sistema operacional do alvo:

```
# nmap -O mac-desktop

Starting Nmap 6.45 ( http://nmap.org ) at 2014-11-08 15:27 BRST
Nmap scan report for mac (192.168.1.118)
Host is up (0.00022s latency).
rDNS record for 192.168.1.118: mac-desktop.lcnsqr.com
Not shown: 999 closed ports
PORT STATE SERVICE
22/tcp open ssh
MAC Address: 00:16:CB:93:EA:14 (Apple)
Device type: phone|media device|general purpose
Running: Apple iOS 4.X, Apple Mac OS X 10.6.X
OS CPE: cpe:/o:apple:iphone_os:4 cpe:/o:apple:mac_os_x:10.6
OS details: Apple Mac OS X 10.5 - 10.6.8 (Leopard - Snow Leopard) (Darwin 9.0.0b5 - 10.8.0)
or iOS 4.0 - 4.2.1
Network Distance: 1 hop
```

```
OS detection performed. Please report any incorrect results at http://nmap.org/submit/ .
Nmap done: 1 IP address (1 host up) scanned in 47.31 seconds
```

Para identificar quais portas estão abertas no sistema local, também pode ser usado o comando netstat:

```
# netstat -tnl
Conexões Internet Ativas (sem os servidores)
Proto Recv-Q Send-Q Endereço Local  Endereço Remoto  Estado
tcp      0      0 0.0.0.0:5900    0.0.0.0:*         OUÇA
tcp      0      0 0.0.0.0:22      0.0.0.0:*         OUÇA
tcp      0      0 127.0.0.1:631   0.0.0.0:*         OUÇA
tcp6     0      0 :::80           :::*              OUÇA
tcp6     0      0 :::37717        :::*              OUÇA
tcp6     0      0 :::22           :::*              OUÇA
tcp6     0      0 ::1:631         :::*              OUÇA
tcp6     0      0 :::37309        :::*              OUÇA
```

A principal opção no exemplo foi -l, que determina a exibição das portas esperando por conexões no sistema local. No exemplo, é possível observar algumas portas importantes que estão abertas, como o serviço HTTP (porta 80) e SSH (porta 22).

Para identificar quais programas e qual usuário estão utilizando determinada porta de serviço, é indicado o comando lsof:

```
# lsof -i :22 -n
COMMAND PID USER FD TYPE DEVICE SIZE/OFF NODE NAME
sshd 862 root 3u IPv4 18101 0t0 TCP *:ssh (LISTEN)
sshd 862 root 4u IPv6 18103 0t0 TCP *:ssh (LISTEN)
sshd 3229 root 3u IPv4 104642 0t0 TCP 192.168.1.123:ssh->192.168.1.149:50776 (ESTABLISHED)
sshd 3232 luciano 3u IPv4 104642 0t0 TCP 192.168.1.123:ssh->192.168.1.149:50776 (ESTABLISHED)
```

A opção -i indica se tratar de uma inspeção de rede, cuja sintaxe é lsof -i @máquina:porta . Se o nome ou o IP da máquina for omitido, é assumido ser a máquina local. O exemplo mostra quais programas e usuários estão utilizando a porta 22 (SSH), seja como porta de entrada ou saída. Outras informações úteis também são exibidas, como PID do processo e as máquinas envolvidas. De posse dessas informações, um processo suspeito pode eventualmente ser finalizado.

Outro comando utilizado para identificar qual processo (ou processos) está utilizando determinado arquivo ou conexão de rede é o comando fuser. Para identificar qual processo está ocupando a porta TCP 25 (SMTP), o fuser é utilizado na forma:

```
# fuser -u smtp/tcp
smtp/tcp:              20223(root)
```

A opção -u provoca a exibição do nome do usuário dono do processo ao lado do PID do processo. O mesmo procedimento pode ser utilizado para arquivos e diretórios:

```
# fuser -u /dev/sr0
/dev/sr0:              5683(luciano)
```

O processo cujo PID é 5683 está utilizando o arquivo /dev/sr0 (neste caso, o leitor de CD/DVD). Mais detalhes sobre o processo podem ser obtidos com o comando ps:

```
# ps -f --pid 5683
UID        PID  PPID  C STIME TTY          TIME CMD
luciano   5683     1 26 17:47 ?        00:01:35 /usr/bin/vlc --started-from-file
```

Arquivos em uso são a causa na maioria das vezes em que o sistema impede a desmontagem de um sistema de arquivos. Nesses casos, o comando fuser pode ser utilizado para forçar o encerramento do programa, caso necessário. Por exemplo, o comando fuser -k /dev/sr0 enviará o sinal *SIGKILL* para todos os processos utilizando o arquivo /dev/sr0.

110.2 Segurança do host

Peso 3

Mesmo que o computador local não seja utilizado como servidor, diversas portas de serviço podem estar abertas sem necessidade, o que pode ser uma grande brecha de segurança. Algumas práticas podem evitar que uma máquina esteja demasiado exposta sem necessidade.

Senhas shadow

Antes mesmo de verificar brechas que podem resultar em uma invasão, é fundamental se certificar de que nenhuma senha esteja exposta dentro do sistema local.

O uso do sistema de senhas *shadow* proporciona maior segurança, visto que o arquivo em que as senhas são armazenadas — /etc/shadow — não oferece leitura para usuários comuns (permissão 640 ou 000) e estão sob forte criptografia.

O uso de senhas shadow é verificado pela letra *x* no campo de senha do usuário em /etc/passwd. Caso o sistema não use senhas shadow, é necessário instalar o pacote *shadow password suite* — já presente na grande maioria das distribuições — e executar o comando pwconv para converter as senhas antigas para o novo formato. Esse procedimento só é necessário em distribuições mais antigas.

Desativando serviços de rede

Serviços de rede que não estão sendo utilizados representam um risco adicional de invasões que pode ser evitado. Alguns dos serviços de rede podem ser controlados pelos daemons **inetd** ou **xinetd**, e sua ativação ou desativação depende de qual dos dois é utilizado. Também é possível que um serviço de rede seja controlado por uma unidade *socket* em sistemas que utilizam o systemd. Nesse caso, o serviço pode ser ativado ou desativado com os comandos systemctl enable ou systemctl disable.

Os daemons inetd e xinetd agem como intermediários para outros serviços. Para que alguns serviços pouco utilizados não fiquem o tempo todo ativos aguardando uma conexão, apenas o inetd ou o xinetd ficam aguardando nas respectivas portas e disparam o serviço sob demanda. O xinetd oferece recursos adicionais em relação ao inetd, como autenticação via *Kerberos* e limitação no tempo de disponibilidade do serviço. Os arquivos de configuração de ambos, inetd e xinetd, são /etc/inetd.conf e /etc/xinetd.conf, mas podem estar fragmentados em /etc/inetd.d/* e /etc/xinetd.d/*, respectivamente.

Para serviços disparados pelo servidor *inetd*, basta comentar (acrescentar o caractere #) a linha referente ao serviço em /etc/inetd.conf.

Por exemplo, para desativar o servidor *telnet* em /etc/inetd.conf:

```
# telnet stream tcp nowait root /usr/sbin/tcpd in.telnetd
```

De forma semelhante, os serviços controlados pelo servidor *xinetd* podem ser desativados no arquivo de configuração /etc/xinetd.conf com a opção disable correspondente ao serviço.

Para desativar o servidor FTP em /etc/xinetd.conf, a entrada correspondente no arquivo seria:

```
ftp {
 disable = yes
 socket_type = stream
 protocol = tcp
 wait = no
 user = root
 server = /usr/sbin/vsftpd
}
```

Um serviço controlado pelo xinetd pode ficar restrito a um endereço de rede específico quando indicado nas entradas *bind*, *interface* ou *redirect*. Isso impede que o serviço fique desnecessariamente visível numa rede onde não deve ser utilizado.

Em uma situação emergencial, quando existe a suspeita de que um usuário não autorizado conseguiu acesso ao sistema, o usuário root pode criar o arquivo /etc/nologin, cuja presença causará o bloqueio da entrada de qualquer outro usuário no sistema (exceto o root). Caso o arquivo /etc/nologin exista e tenha a permissão de leitura, seu conteúdo será exibido para o usuário que teve o acesso bloqueado.

TCP wrappers

Alguns programas servidores oferecem suporte à biblioteca *libwrap* e podem utilizar o mecanismo chamado *TCP wrappers* para controlar o acesso aos serviços que oferecem na rede. Esse controle é estabelecido por meio de regras escritas nos arquivos /etc/hosts.allow e /etc/hosts.deny, que são avaliadas e aplicadas pelo daemon tcpd.

O arquivo /etc/hosts.allow contém as regras para os endereços remotos que poderão acessar a máquina local. Se um endereço corresponder a uma regra em/etc/ hosts.allow, o acesso será liberado, e o arquivo/etc/hosts.deny não será consultado.

O arquivo /etc/hosts.deny contém as regras para os endereços remotos que não poderão acessar a máquina local. Se um endereço não constar em /etc/hosts.allow nem em /etc/hosts.deny, ele será liberado.

Cada regra é escrita em uma linha, com o mesmo formato — *serviço:host:comando* — para /etc/hosts.allow e /etc/hosts.deny, em que:

- **serviço** é um ou mais nomes de daemons de serviço, ou instruções especiais.
- **host** é um ou mais endereços, ou instruções especiais.
- **comando** é um comando opcional a ser executado no caso de cumprimento da regra.

O campo *host* pode pode ser um domínio, IP de rede ou IP incompleto. Caracteres de englobamento como *?* e * também podem ser utilizados.

No campo serviço e host também podem ser utilizadas as instruções especiais ALL, LOCAL, KNOW, UNKNOWN e PARANOID. O operador EXCEPT exclui um endereço ou grupo de endereços de determinada condição.

Por exemplo, uma regra do arquivo /etc/hosts.allow para liberar todos os serviços a todos os endereços da rede *192.168.1.0*, com exceção do *192.168.1.20*:

```
ALL: 192.168.1.* EXCEPT 192.168.1.20
```

Complementarmente, a regra de /etc/hosts.deny serve para bloquear todos os serviços a todo endereço que não constar em regra do arquivo /etc/hosts.allow:

```
ALL: ALL
```

Novas regras são aplicadas imediatamente, sem necessidade de reiniciar o serviço. A documentação completa para a criação de regras pode ser encontrada na página manual *hosts_access(5)*.

110.3 Proteção de dados com criptografia

Peso 3

A preservação da segurança só está completa quando são utilizadas ferramentas de criptografia, seja para proteger o conteúdo de dados, seja para garantir a autenticidade destes. Sobretudo em ambientes em rede, o uso de fortes sistemas de criptografia é fundamental.

OpenSSH

Tratando-se de acesso remoto, a ferramenta essencial do Linux é o pacote OpenSSH. O OpenSSH é o substituto para ferramentas de acesso remoto ultrapassadas, como *telnet, rlogin, rsh* e *rcp*.

O programa cliente do pacote OpenSSH é o comando ssh. As configurações do servidor SSH são feitas no arquivo /etc/ssh/sshd_config, e as configurações globais para o cliente são feitas no arquivo /etc/ssh/ssh_config. A utilização básica do ssh envolve apenas fornecer o nome de usuário e o endereço de destino:

```
ssh luciano@192.168.1.1
```

Esse comando abrirá uma sessão do shell com o computador de endereço *192.168.1.1*, através de uma conexão segura. Será usado o usuário *luciano* e todas as configurações de sessão correspondentes a este usuário. Tanto a senha do usuário quanto os dados transmitidos estarão protegidos por forte criptografia. Mesmo que eventualmente sejam interceptados, é praticamente impossível que sejam decodificados, devido à criptografia.

As opções do comando ssh podem ser informadas do modo tradicional ou no formato longo, com a opção -o. Por exemplo, a compressão de dados pode ser ativada com a opção -C ou -o Compression=yes. Caso uma porta diferente da porta 22 padrão seja usada, deve ser informada com a opção -p 22000 ou -o Port=22000, se a porta utilizada for a 22000. As opções longas correspondem às opções do arquivo ssh_config e podem ser consultadas no manual do arquivo de configuração com o comando man 5 ssh_config.

Chaves criptográficas

A criptografia do OpenSSH emprega o conceito de chave pública e chave privada. O conteúdo criptografado com o valor da chave pública só pode ser descriptografado com o valor da chave privada. Cada chave pública está associada exclusivamente a uma chave privada, que nunca deve ser compartilhada. Não existe um limite de quantas chaves podem ser utilizadas por um usuário.

Além das chaves que o usuário pode criar para si, o OpenSSH automaticamente gera chaves para identificar o próprio computador. Os arquivos /etc/ssh/ssh_host_rsa_key e /etc/ssh/ssh_host_rsa_key.pub armazenam a chave privada e a chave pública do computador geradas no formato **RSA**, e os arquivos /etc/ssh/ssh_host_dsa_key e /etc/ssh/ssh_host_dsa_key.pub armazenam a chave privada e a chave pública do computador geradas no formato **DSA**.

Na primeira vez que o cliente SSH se conecta a um computador remoto, o usuário é questionado sobre aceitar a chave pública desse computador. Se for aceita, ela será armazenada em ~/.ssh/know_hosts e garantirá a confiabilidade da conexão entre os dois computadores. O conteúdo desse arquivo pode ser incluído no arquivo /etc/ssh_know_hosts, para que a chave passe a valer para todos os usuários. Ainda assim, será necessário que o usuário forneça sua senha ao se conectar no destino.

Dessa forma, se outro computador assumir o nome ou o IP da máquina remota, o cliente SSH informará ao usuário que a identificação do servidor mudou e não estabelecerá a conexão. Nesse caso, só será possível fazer o login via SSH se o usuário apagar a chave pública original do servidor armazenada anteriormente no arquivo ~/.ssh/know_hosts.

Autenticação por chave

Além das chaves do próprio computador, cada usuário pode ter sua chave pública e privada, utilizada para garantir sua autenticidade.

Com a chave pública do usuário, é possível que o acesso via SSH seja feito automaticamente, sem necessidade de fornecer a senha em todo login. Isso é especialmente útil quando um computador remoto é acessado frequentemente. Antes de conseguir fazer o login sem senha, é necessário que o usuário crie a chave pública e a chave primária.

A chave pública do usuário deverá ser incluída no arquivo authorized_keys, criado no computador de destino. Esse arquivo pode conter uma ou mais chaves que foram criadas em máquinas utilizadas como origem de acesso. As chaves são criadas com o comando ssh-keygen.

As chaves criptográficas podem utilizar diferentes tipos de formatos, como *DSA*, *RSA* e *ECDSA*. Para gerar uma chave DSA de 1.024 bits, utiliza-se:

```
ssh-keygen -t dsa -b 1024
```

Chaves RSA suportam um tamanho em bits maior, como 4.096:

```
ssh-keygen -t rsa -b 4096
```

Um tamanho maior em bits torna ainda mais difícil a quebra da criptografia. As chaves podem ser criadas com ou sem senha, as chamadas *passphrases*. Chaves protegidas com senhas são mais seguras, pois toda vez que forem utilizadas, será necessário informar a senha respectiva da chave.

O comando ssh-keygen criará as chaves no diretório ~/.ssh/ na máquina de origem para o usuário atual. Por padrão, os arquivos ~/.ssh/id_rsa e ~/.ssh/id_rsa.pub armazenam a chave privada e a chave pública do usuário geradas no formato **RSA**, e os arquivos ~/.ssh/id_dsa e ~/.ssh/id_dsa.pub armazenam a chave privada e a chave pública do usuário geradas no formato **DSA**. O conteúdo da chave pública poderá então ser incluído em ~/.ssh/authorized_keys para o usuário específico no computador de destino. Chaves em arquivos diferentes do padrão podem ser indicadas com a opção -i do ssh.

Supondo que o computador de destino tenha IP 192.168.1.1 e uma conta para o usuário *luciano*, a chave pública do formato DSA pode ser copiada com o comando:

```
cat ~/.ssh/id_dsa.pub | ssh luciano@192.168.1.1 'cat >> ~/.ssh/authorized_keys'
```

O conteúdo do arquivo ~/.ssh/id_dsa.pub será direcionado para o comando ssh. O ssh redirecionará o conteúdo para o comando cat na máquina remota, que por sua vez incluirá o conteúdo no arquivo ~/.ssh/authorized_keys da conta na máquina remota. Versões mais recentes do OpenSSH trazem o comando ssh-copy-id, que facilita o processo de cópia da chave pública. Para obter o mesmo resultado do exemplo anterior, basta executar ssh-copy-id luciano@192.168.1.1. Enviar a chave por uma conexão segura é fundamental para que esta não seja interceptada.

Por questão de segurança, é importante que todos os arquivos contendo chaves em /etc/ssh/ e ~/.ssh/ tenham permissão 600, de escrita e leitura, só para o dono do arquivo. O ssh impede o uso da chave privada caso o arquivo possa ser lido por outros usuários.

Se foi informada uma *passphrase* durante a criação da chave, será perdida a conveniência de realizar o login sem senha, pois será necessário informar a senha da chave toda vez que esta for utilizada. Contudo, é possível evitar a digitação da passphrase a todo momento se for utilizado o comando ssh-agent.

O ssh-agent atua como um chaveiro. Ele armazena a autorização e libera o usuário da necessidade de digitar a passphrase novamente durante a mesma sessão. O ssh-agent automaticamente entra em segundo plano e exibe as variáveis de ambiente que dever ser definidas:

```
$ ssh-agent
SSH_AUTH_SOCK=/tmp/ssh-gU88kudSWlqH/agent.8876; export SSH_AUTH_SOCK;
SSH_AGENT_PID=8877; export SSH_AGENT_PID;
echo Agent pid 8877;
```

É mais prático invocar o ssh-agent com a substituição de comandos do shell, passando sua saída para o comando eval:

```
eval $(ssh-agent)
```

Desse modo, as variáveis emitidas pelo ssh-agent já estarão exportadas na sessão atual do shell. É recomendável que o chaveiro do SSH seja iniciado automaticamente quando o usuário entra no sistema.

Com o ssh-agent ativo e as variáveis de ambiente declaradas, é utilizado o comando ssh-add para incluir a chave do usuário nossh-agent:

```
$ ssh-add
Enter passphrase for /home/luciano/.ssh/id_rsa:
Identity added: /home/luciano/.ssh/id_rsa (/home/luciano/.ssh/id_rsa)
```

As chaves disponíveis para inclusão podem ser listadas com o comando ssh-add -L. A passphrase será solicitada apenas uma vez, quando a chave do usuário for incluída no ssh-agent. Feito isso, não será necessário informar a passphrase nas sessões em que as variáveis exportadas estiverem acessíveis.

Túneis criptografados

Além de abrir sessões remotas do shell, o SSH pode ser utilizado como veículo para outras conexões. Essa técnica é conhecida como túnel de porta, ou simplesmente túnel SSH.

Após criar um túnel criptografado, outro programa poderá se comunicar com a máquina remota em questão através desse túnel, de maneira que todos os dados estarão protegidos ao longo da conexão. Esse recurso é especialmente útil para programas que não têm a funcionalidade de criptografia de dados.

É o caso dos clientes e servidores VNC mais simples. Por padrão, o VNC utiliza a porta 5900 e envia os dados sem criptografia. Uma maneira de contornar esse inconveniente é criar um túnel SSH entre a porta 5900 do computador local até a porta 5900 do computador remoto. Dessa forma, bastará apontar o cliente VNC para a porta 5900 do computador local, e a conexão será automaticamente direcionada através do túnel seguro para a porta 5900 do computador remoto.

Para criar o túnel seguro, é utilizado o próprio comando `ssh` com a opção `-L porta local:localhost:porta remota`, em que *porta local* especifica qual porta na máquina local será a entrada do túnel. *localhost,* nesse caso, diz respeito à máquina de destino, e *porta remota* é a porta de saída do túnel. Por exemplo, para criar um túnel para `luciano@192.168.1.1`:

```
ssh -fNL 5900:localhost:5900 luciano@192.168.1.1
```

A opção `-f` indica que o comando deve ser executado em segundo plano, e a opção `-N` determina que não deve ser aberta uma sessão do shell na máquina remota. Depois de criado o túnel, bastará apontar o cliente VNC para a máquina local:

```
vncviewer localhost:0
```

A indicação `:0` determina que o `vncviewer` utilize sua primeira porta padrão, ou seja, a porta 5900. Toda a transmissão enviada e recebida para a máquina remota acontecerá através do túnel criptografado.

X remoto via SSH

Técnica semelhante aos túneis SSH é abrir a janela de uma aplicação remota por meio de uma conexão SSH usando a opção `-X`. Por exemplo, para exibir localmente o programa *VirtualBox* presente na máquina remota:

```
ssh -X luciano@192.168.1.1
```

E para executar o programa desejado na máquina remota, é executado o comando VirtualBox na sessão remota.

O processo pode ser simplificado em um só comando:

```
ssh -X luciano@192.168.1.1 "VirtualBox"
```

O comando passado como argumento final para o ssh será executado na máquina remota — opcionalmente o comando ssh também pode enviar os dados recebidos pela sua entrada padrão para a entrada padrão do comando remoto. Nesse caso, será exibida na máquina local a tela do programa VirtualBox em execução na máquina remota.

Assinatura GnuPG

O pacote GnuPG é a mais popular e completa implementação de código aberto do padrão *OpenPGP*. Com o GnuPG é possível assinar e codificar arquivos ou mensagens para garantir a autenticidade e segurança destes. Isso é feito baseado no conceito de chave pública e secreta (privada), em que a chave secreta é de conhecimento apenas de seu proprietário e a respectiva chave pública pode ser utilizada pelas demais pessoas para garantir a autenticidade deste proprietário.

O comando gpg ou gpg2 agrega todas as funções do GnuPG. Ele é usado para gerar as chaves, exportá-las, importá-las, assinar e codificar dados.

Criação das chaves

O primeiro passo para a utilização do GnuPG é a criação do par chave secreta e chave pública, realizada com a opção --gen-key:

```
$ gpg --gen-key
gpg (GnuPG) 1.4.23; Copyright (C) 2015 Free Software Foundation, Inc.
This is free software: you are free to change and redistribute it.
There is NO WARRANTY, to the extent permitted by law.

Por favor selecione o tipo de chave desejado:
   (1) RSA and RSA (default)
   (2) DSA and Elgamal
   (3) DSA (apenas assinatura)
   (4) RSA (apenas assinatura)
Sua opção?
```

Recomenda-se a utilização da opção padrão. Em seguida, é escolhido o tamanho da chave:

```
RSA keys may be between 1024 and 4096 bits long.
What keysize do you want? (2048)
```

O tamanho sugerido é adequado, mas chaves maiores tornam praticamente impossível a quebra da criptografia. A chave pode ter um prazo de validade ou jamais expirar:

```
Por favor especifique por quanto tempo a chave deve ser válida.
 0 = chave não expira
 <n> = chave expira em n dias
 <n>w = chave expira em n semanas
 <n>m = chave expira em n meses
 <n>y = chave expira em n anos
A chave é valida por? (0)
```

Normalmente não é necessário definir um prazo de validade, salvo quando é criada uma chave para alguma necessidade específica.

Nas etapas finais será necessário informar alguns dados pessoais — nome, e-mail e descrição — e a *passphrase*, que é a senha com a qual as chaves serão geradas.

A configuração do GnuPG para o usuário e suas chaves ficam no diretório `~/.gnupg/`. Para listar as chaves presentes, é usado o comando `gpg --list-keys`, que lista cada chave no seguinte formato:

```
pub 2048R/3A4C681C 2013-06-22
uid Luciano Antonio Siqueira (lcnsqr) <luciano@lcnsqr.com>
sub 2048R/F403BD97 2013-06-22
```

O código 3A4C681C na linha pub é a identificação da chave. Essa informação será usada para identificá-la quando existe mais de uma chave no arquivo de chaveiro `~/.gnupg/pubring.gpg`.

Exportar uma chave

Para que outra pessoa possa verificar os dados assinados, será necessário que tenha acesso à chave pública do usuário em questão. Por isso, a chave pública deve ser exportada, o que é feito com o comando `gpg --export`:

```
gpg --output lcnsqr.gpg --export lcnsqr
```

A opção --output indica o arquivo em que a chave pública será gravada. O argumento da opção --export determina qual chave pública deve ser exportada. Para a identificação da chave, pode ser usado qualquer campo das informações pessoais informadas na criação desta.

A chave exportada estará no formato binário. Para gerar uma chave como texto, útil para enviar no corpo de e-mails, basta acrescentar a opção --armor:

```
gpg --armor --output lcnsqr.gpg.asc --export lcnsqr
```

Apesar de a chave pública exportada poder ser enviada diretamente para quem a usará, é mais cômodo exportá-la para um servidor de chaves, de forma que qualquer pessoa de posse da identificação dela poderá copiá-la diretamente do servidor. A exportação para um servidor remoto é feita com a opção --send-keys:

```
$ gpg --send-keys 3A4C681C
gpg: sending key 3A4C681C to hkp server keys.gnupg.net
```

O argumento 3A4C681C é a identificação da chave. Foi utilizado o servidor de chaves keys.gnupg.net, que é o servidor padrão do GnuPG. O servidor de chaves é especificado no arquivo ~/.gnupg/gpg.conf. Para alterar o servidor, edite a entrada keyserver nesse arquivo. Ou utilizar a opção --keyserver, por exemplo gpg --keyserver hkp://gpgserver.com.

Revogar uma chave

Caso a chave privada tenha sido comprometida (tenha sido copiada por terceiros, por exemplo), é possível gerar uma chave de revogação. Essa chave de revogação, uma vez enviada para o servidor de chaves, garantirá a invalidação da chave comprometida.

Para fazer a revogação, gere uma chave com o comando gpg --gen-revoke, indicando a identificação da chave:

```
gpg --gen-revoke 3A4C681C
```

Após escolher o motivo da revogação, a chave será gerada:

```
-----BEGIN PGP PUBLIC KEY BLOCK-----
Version: GnuPG v1.4.12 (GNU/Linux)
Comment: A revocation certificate should follow
```

```
iGEEIBEIAAkFAk+nlmcCHQMACgkQo3Z81iP9glRsYAEAr2tQ30D7cuHuv1RDKzIk
DlzB/EH8ZLzE/o9WjN4qUIwBAJQzgUgVOFVqnbcG/HvaIr50dspwv1mmHgfVmWXK
u52B
=Dxht
-----END PGP PUBLIC KEY BLOCK-----
```

Esse conteúdo deve ser salvo em um arquivo. Assim que a importação da revogação for realizada, a chave provada estará revogada:

```
gpg --import chave_revogada.txt
```

Se a chave privada estava hospedada remotamente, basta repetir o envio para revogar a chave no servidor de chaves:

```
gpg --send-keys
```

Depois de revogada, uma chave não poderá ser revalidada.

Importar uma chave

Antes de verificar a autenticidade de determinado arquivo, é necessário importar sua respectiva chave. A importação de chave a partir de um arquivo é feita com a opção --import:

```
$ gpg --import lcnsqr.gpg
gpg: key 3A4C681C: "Luciano Antonio Siqueira (lcnsqr) <luciano@lcnsqr.com>" imported
gpg: Número total processado: 1
gpg: importados: 1
gpg: 3 marginal(s) needed, 1 complete(s) needed, PGP trust model
gpg: depth: 0 valid: 2 signed: 0 trust: 0-, 0q, 0n, 0m, 0f, 2u
```

Também é possível importar a chave diretamente de um servidor de chaves, caso a chave pública em questão esteja presente no servidor configurado no arquivo ~/.gnupg/gpg.conf :

```
$ gpg --recv-keys 3A4C681C
gpg: requesting key 3A4C681C from hkp server keys.gnupg.net
gpg: key 3A4C681C: public key "Luciano Antonio Siqueira (lcnsqr) <luciano@lcnsqr.com>"
imported
```

```
gpg: 3 marginal(s) needed, 1 complete(s) needed, PGP trust model
gpg: depth: 0 valid: 2 signed: 0 trust: 0-, 0q, 0n, 0m, 0f, 2u
gpg: Número total processado: 1
gpg: importados: 1
```

A opção --recv-keys recebe como argumento a identificação da chave a ser importada. Realizada a importação, a chave ficará armazenada no chaveiro ~/.gnupg/pubring.gpg. Após importada, uma chave pública deve ser assinada, de modo a garantir sua autenticidade:

```
$ gpg --sign-key 3A4C681C
```

Este não é um procedimento obrigatório, mas não fazê-lo causará a exibição de uma mensagem de alerta toda vez que a chave em questão for utilizada. É recomendável enviar a chave assinada de volta para o servidor. A chave pública ganha mais credibilidade à medida que mais usuários a assinam e devolvem ao servidor.

Assinando um arquivo

A forma mais comum de utilizar o GnuPG é assinar o arquivo. Semelhante a uma assinatura tradicional, o usuário que receber um documento assinado pelo GnuPG poderá se certificar sobre a identidade do autor. Qualquer tipo de arquivo pode ser assinado pelo comando gpg, com a opção --sign:

```
$ gpg --output documento.txt.gpg --sign documento.txt
```

Esse comando assinará o arquivo documento.txt e criará a cópia assinada no arquivo documento.txt.gpg, que poderá ser enviado para outra pessoa que, de posse da chave pública do autor da assinatura, poderá se certificar da autoria do arquivo utilizando a opção --decrypt:

```
$ gpg --output documento.txt --decrypt documento.txt.gpg
```

Será criado o arquivo documento.txt a partir do arquivo assinado documento.txt.gpg. Se o arquivo corresponder à assinatura do autor, será exibida a mensagem de sucesso:

```
gpg: Assinatura feita Qua 20 Mai 2009 15:50:55 BRT usando DSA chave ID 3A4C681C
gpg: checando o trustdb
gpg: 3 parcial(is) necessária(s), 1 completa(s) necessária(s), modelo de confiança PGP
gpg: profundidade: 0 válidas: 1 assinadas: 3 confiança: 0-, 0q, 0n, 0m, 0f, 1u
gpg: profundidade: 1 válidas: 3 assinadas: 0 confiança: 3-, 0q, 0n, 0m, 0f, 0u
gpg: próxima checagem de banco de dados de confiabilidade em 2018-01-26
gpg: Assinatura correta de "Luciano Antonio Siqueira (lcnsqr) <luciano@lcnsqr.com>"
```

Mesmo que a assinatura não seja autêntica, o arquivo será extraído e poderá ser lido. Apenas será informado que a assinatura não é válida. Já para proteger o conteúdo de um arquivo contra abertura não autorizada, este deve ser criptografado.

Criptografando um arquivo

A proteção criptográfica do conteúdo de um arquivo é feita utilizando-se a chave pública de quem receberá o arquivo. Dessa forma, somente o próprio destinatário — de posse de sua chave secreta — será capaz de descriptografar. A opção para criptografar um arquivo é `--encrypt`. A opção `--recipient` indica de qual usuário será usada a chave pública:

```
gpg --output documento.txt.gpg --encrypt --recipient lcnsqr documento.txt
```

Para a opção `--recipient`, pode ser indicado qualquer campo de identificação da chave pública desejada. O resultado do comando mostrado será a criação do arquivo criptografado `documento.txt.gpg` a partir do arquivo `documento.txt`, que poderá ser aberto exclusivamente pelo dono da chave pública — que, consequentemente, tem a chave secreta. Já no destino, a opção `--decrypt` é utilizada para extrair o arquivo criptografado:

```
gpg --output documento.txt --decrypt documento.txt.gpg
```

Será feita a verificação de correspondência entre o arquivo criptografado com a chave pública e a chave secreta local. Se a verificação for bem-sucedida, bastará ao usuário fornecer sua passphrase, e terá criado o arquivo com conteúdo descriptografado.

QUESTIONÁRIO

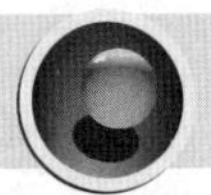

Tópico 110

Revise os temas abordados:

- Tarefas administrativas de segurança
- Segurança do host
- Proteção de dados com criptografia

Para responder ao questionário, acesse

https://lcnsqr.com/@aifgk

Objetivos:

Exame 101 - versão 5.0

Tópico 101: Arquitetura de Sistema

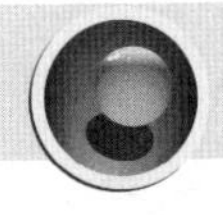

101.1 Identificar e editar configurações de hardware

Peso: 2

Descrição: Os candidatos devem ser capazes de identificar e editar configurações essenciais de hardware.

Principais Áreas de Conhecimento:

- Habilitar e desabilitar periféricos integrados.
- Diferenciar entre vários tipos de dispositivos de armazenamento.
- Determinar os recursos de hardware para os dispositivos.
- Ferramentas e utilitários para a listar várias informações de hardware (por exemplo, lsusb, lspci etc.).
- Ferramentas e utilitários para manipular dispositivos USB.
- Compreensão conceitual de sysfs, udev e dbus.

Segue uma lista parcial dos arquivos, termos e utilitários usados:

- /sys/
- /proc/
- /dev/
- modprobe
- lsmod
- lspci
- lsusb

101.2 Início (boot) do sistema

Peso: 3

Descrição: Os candidatos devem ser capazes de guiar o sistema através do processo de inicialização.

Principais Áreas de Conhecimento:

- Fornecer os comandos e opções mais comuns para o gerenciador de inicialização e para o kernel durante a inicialização.
- Demonstrar conhecimento sobre a sequência de inicialização do BIOS/UEFI até sua conclusão.
- Entendimento do SysVinit e do systemd.
- Noções do Upstart.
- Conferir os arquivos de log dos eventos de inicialização.

Segue uma lista parcial dos arquivos, termos e utilitários usados:

- dmesg
- journalctl
- BIOS
- UEFI
- bootloader
- kernel
- initramfs
- init
- SysVinit
- systemd

101.3 Alternar runlevels/boot targets, desligar e reiniciar o sistema

Peso: 3

Descrição: Os candidatos devem ser capazes de gerenciar o runlevel do SysVinit ou o boot target do systemd. Este objetivo inclui mudar para o modo single user, desligar ou reiniciar o sistema. Os candidatos devem ser capazes de alertar os usuários antes de mudar o runlevel/boot target e apropriadamente terminar os processos. Este objetivo também inclui definir o runlevel padrão do SysVinit ou o alvo padrão do systemd. Inclui também noções do Upstart como uma alternativa ao SysVinit e ao systemd.

Principais Áreas de Conhecimento:

- Definir o runlevel padrão e o alvo de boot padrão.
- Alternar entre os runlevels/alvos de boot, incluindo o modo single user (usuário único).
- Desligar e reiniciar através da linha de comando.
- Alertar os usuários antes de mudar o runlevel/alvo de boot ou outro evento de sistema que acarrete uma mudança significativa.
- Terminar apropriadamente os processos.
- Noções de acpid.

Segue uma lista parcial dos arquivos, termos e utilitários usados:

- /etc/inittab
- shutdown
- init
- /etc/init.d/
- telinit
- systemd
- systemctl
- /etc/systemd/
- /usr/lib/systemd/
- wall

Tópico 102: Instalação do Linux e administração de pacotes

102.1 Dimensionar partições de disco

Peso: 2

Descrição: Os candidatos devem ser capazes de dimensionar partições de disco para um sistema Linux.

Principais Áreas de Conhecimento:

- Distribuir os sistemas de arquivos e o espaço de swap para separar partições ou discos.
- Adaptar o projeto para o uso pretendido do sistema.
- Garantir que a partição /boot esteja em conformidade com os requisitos de arquitetura de hardware para a inicialização.
- Conhecimento das características básicas do LVM.

Segue uma lista parcial dos arquivos, termos e utilitários usados:

- Sistema de arquivos raiz / (root)
- Sistema de arquivos /var
- Sistema de arquivos /home
- Sistema de arquivos /boot
- Partição de sistema EFI (ESP)
- Espaço de swap
- Pontos de montagem
- Partições

102.2 Instalar o gerenciador de inicialização

Peso: 2

Descrição: Os candidatos devem ser capazes de selecionar, instalar e configurar o gerenciador de inicialização.

Principais Áreas de Conhecimento:

- Fornecer locais de boot alternativos e backup das opções de boot.
- Instalar e configurar um gerenciador de inicialização como o GRUB Legacy.

- Realizar mudanças na configuração básica do GRUB 2.
- Interagir com o carregador de boot.

Segue uma lista parcial dos arquivos, termos e utilitários usados:

- menu.lst, grub.cfg e grub.conf
- grub-install
- grub-mkconfig
- MBR

102.3 Controle de bibliotecas compartilhadas

Peso: 1

Descrição: Os candidatos devem ser capazes de determinar quais as bibliotecas compartilhadas de que os programas executáveis dependem e instalá-las quando necessário.

Principais Áreas de Conhecimento:

- Identificar as bibliotecas compartilhadas.
- Identificar onde geralmente essas bibliotecas se localizam no sistema.
- Carregar as bibliotecas compartilhadas.

Segue uma lista parcial dos arquivos, termos e utilitários usados:

- ldd
- ldconfig
- /etc/ld.so.conf
- LD_LIBRARY_PATH

102.4 Utilização do sistema de pacotes Debian

Peso: 3

Descrição: Os candidatos devem ser capazes de realizar o gerenciamento de pacotes usando as ferramentas de pacotes Debian.

Principais Áreas de Conhecimento:

- Instalar, atualizar e desinstalar os pacotes binários Debian.
- Encontrar pacotes contendo um arquivo específico ou bibliotecas que podem estar instaladas ou não.
- Obter informações sobre pacotes como versão, conteúdo, dependências, integridade do pacote e status da instalação (estando o pacote instalado ou não).
- Noções do apt.

Segue uma lista parcial dos arquivos, termos e utilitários usados:

- /etc/apt/sources.list
- dpkg
- dpkg-reconfigure
- apt-get
- apt-cache

102.5 Utilização do sistema de pacotes RPM e YUM

Peso: 3

Descrição: Os candidatos devem ser capazes de realizar o gerenciamento de pacotes usando as ferramentas RPM, YUM e Zypper.

Principais Áreas de Conhecimento:

- Instalar, reinstalar, atualizar e remover pacotes usando RPM, YUM e Zypper.
- Obter informações dos pacotes RPM tais como versão, status, dependências, integridade e assinaturas.
- Determinar quais arquivos um pacote fornece, bem como encontrar de qual pacote um arquivo específico vem.
- Noções do dnf.

Segue uma lista parcial dos arquivos, termos e utilitários usados:

- rpm
- rpm2cpio
- /etc/yum.conf
- /etc/yum.repos.d/
- yum
- zypper

102.6 Linux virtualizado

Peso: 1

Descrição: Os candidatos devem entender as implicações de um sistema Linux virtualizado ou em um ambiente de computação em nuvem.

Principais Áreas de Conhecimento:

- Entender o conceito geral de máquinas virtuais e contêineres.
- Entender elementos comuns em máquinas virtuais em uma nuvem IaaS, como instâncias computacionais, armazenamento em bloco e rede.
- Entender as propriedades exclusivas de um sistema Linux que precisam ser alteradas quando um sistema é clonado ou utilizado como modelo.
- Entender como imagens de sistema são utilizadas para implementar máquinas virtuais, instâncias de nuvem e contêineres.
- Entender as extensões do Linux que integram o Linux com uma solução de virtualização.
- Noções de cloud-init.

Segue uma lista parcial dos arquivos, termos e utilitários usados:

- Máquina Virtual
- Contêiner Linux
- Contêiner de Aplicação
- Drivers de convidado
- Chaves SSH do host
- Id de máquina D-Bus

Tópico 103: Comandos GNU e Unix

103.1 Trabalhar na linha de comando

Peso: 4

Descrição: Os candidatos devem ser capazes de interagir com os shells e comandos na linha de comando. Este objetivo presume o uso do shell Bash.

Principais Áreas de Conhecimento:

- Usar comandos simples de shell e sequências de comandos de apenas uma linha para executar tarefas básicas na linha de comando.
- Usar e modificar o ambiente de shell incluindo definir, fazer referência e exportar variáveis de ambiente.

- Usar e editar o histórico de comandos.
- Invocar comandos de dentro e de fora do caminho definido.

Segue uma lista parcial dos arquivos, termos e utilitários usados:

- bash
- echo
- env
- export
- pwd
- set
- unset
- type
- which
- man
- uname
- history
- .bash_history
- Uso de aspas

103.2 Processar fluxos de texto usando filtros

Peso: 2

Descrição: Os candidatos devem ser capazes de aplicar filtros aos fluxos de texto.

Principais Áreas de Conhecimento:

- Enviar arquivos de texto e saídas de fluxo de textos através de filtros para modificar a saída usando comandos padrão UNIX encontrados no pacote GNU textutils.

Segue uma lista parcial dos arquivos, termos e utilitários usados:

- bzcat
- cat
- cut
- head
- less
- md5sum
- nl
- od
- paste
- sed
- sha256sum
- sha512sum
- sort
- split
- tail
- tr
- uniq
- wc
- xzcat
- zcat

103.3 Gerenciamento básico de arquivos

Peso: 4

Descrição: Os candidatos devem ser capazes de usar os comandos básicos do Linux para gerenciar os arquivos e diretórios.

Principais Áreas de Conhecimento:

- Copiar, mover e remover arquivos e diretórios individualmente.
- Copiar múltiplos arquivos e diretórios recursivamente.
- Remover arquivos e diretórios recursivamente.
- Uso simples e avançado dos caracteres curinga nos comandos.
- Usar o comando find para localizar e tratar arquivos tomando como base o tipo, o tamanho ou a data.
- Uso dos utilitários tar, cpio e dd.

Segue uma lista parcial dos arquivos, termos e utilitários usados:

- cp
- find
- mkdir
- mv
- ls
- rm
- rmdir
- touch
- tar
- cpio
- dd
- file
- gzip
- gunzip
- bzip2
- bunzip2
- xz
- unxz
- File globbing (englobamento de arquivos)

103.4 Fluxos, pipes (canalização) e redirecionamentos de saída

Peso: 4

Descrição: Os candidatos devem ser capazes de redirecionar fluxos de texto e conectá-los a fim de eficientemente processar os dados. As tarefas incluem redirecionamento da entrada padrão, da saída padrão e dos erros padrão, canalização (piping) da saída de um comando à entrada de outro comando, usar a saída de um comando como argumento para outro comando e enviar a saída de um comando simultaneamente para a saída padrão e para um arquivo.

Principais Áreas de Conhecimento:

- Redirecionamento da entrada padrão, da saída padrão e dos erros padrão.
- Canalização (piping) da saída de um comando à entrada de outro comando.
- Usar a saída de um comando como argumento para outro comando.
- Enviar a saída de um comando simultaneamente para a saída padrão e para um arquivo.

Segue uma lista parcial dos arquivos, termos e utilitários usados:

- tee
- xargs

103.5 Criar, monitorar e finalizar processos

Peso: 4

Descrição: Os candidatos devem ser capazes de realizar o gerenciamento básico de processos.

Principais Áreas de Conhecimento:

- Executar processos em primeiro e segundo plano.
- Marcar um programa para que continue a rodar depois do logout.
- Monitorar processos ativos.
- Selecionar e ordenar processos para serem exibidos.
- Enviar sinais para os processos.

Segue uma lista parcial dos arquivos, termos e utilitários usados:

- &
- bg
- fg
- jobs
- kill
- nohup
- ps
- top
- free
- uptime
- pgrep
- pkill
- killall
- watch
- screen
- tmux

103.6 Modificar a prioridade de execução de um processo

Peso: 2

Descrição: Os candidatos devem ser capazes de gerenciar as prioridades de execução dos processos.

Principais Áreas de Conhecimento:

- Saber a prioridade padrão de um processo que é criado.
- Executar um programa com maior ou menor prioridade do que o padrão.
- Mudar a prioridade de um processo em execução.

Segue uma lista parcial dos arquivos, termos e utilitários usados:

- nice
- ps
- renice
- top

103.7 Procurar em arquivos de texto usando expressões regulares

Peso: 3

Descrição: Os candidatos devem ser capazes de manipular arquivos de texto usando expressões regulares. Este objetivo inclui a criação de expressões regulares simples contendo vários elementos. Também inclui o uso de ferramentas de expressão regular para realizar pesquisas em um sistema de arquivos ou no conteúdo de um arquivo.

Principais Áreas de Conhecimento:

- Criar expressões regulares contendo vários elementos.
- Entender a diferença entre expressões regulares básicas e estendidas.
- Entender os conceitos de caracteres especiais, classes de caracteres, quantificadores e âncoras.
- Usar ferramentas de expressão regular para realizar pesquisas pelo sistema de arquivos ou no conteúdo de um arquivo.
- Utilizar expressões regulares para apagar, alterar e substituir texto.

Segue uma lista parcial dos arquivos, termos e utilitários usados:

- grep
- egrep
- fgrep
- sed
- regex(7)

103.8 Edição básica de arquivos com o vi

Peso: 3

Descrição: Os candidatos devem ser capazes de editar arquivos de texto usando o vi. Este objetivo inclui navegação, modos básicos, inserir, editar, deletar, copiar e encontrar texto. Também inclui noções de outros editores e como definir o editor padrão.

Principais Áreas de Conhecimento:

- Navegar pelo documento usando o vi.
- Usar os modos básicos do vi.
- Inserir, editar, deletar, copiar e encontrar texto.
- Noções de Emacs, nano e vi.
- Configurar o editor padrão.

Segue uma lista parcial dos arquivos, termos e utilitários usados:

- vi
- /, ?
- h,j,k,l
- i, o, a
- d, p, y, dd, yy
- ZZ, :w!, :q!
- EDITOR

Tópico 104: Dispositivos, sistemas de arquivos Linux e padrão FHS

104.1 Criar partições e sistemas de arquivos

Peso: 2

Descrição: Os candidatos devem ser capazes de configurar partições de disco e criar sistemas de arquivos em mídias tais como discos rígidos. Isso inclui trabalhar com partições swap.

Principais Áreas de Conhecimento:

- Gerenciar tabela de partição MBR e GPT
- Usar vários comandos mkfs para criar sistemas de arquivos tais como:
    - ext2/ext3/ext4
    - XFS
    - VFAT
    - exFAT
- Conhecimento básico dos recursos do Btrfs, incluindo sistema de arquivos em multidispositivos, compressão e subvolumes.

Segue uma lista parcial dos arquivos, termos e utilitários usados:

- fdisk
- gdisk
- parted
- mkfs
- mkswap

104.2 Manutenção da integridade de sistemas de arquivos

Peso: 2

Descrição: Os candidatos devem ser capazes de manter a integridade dos sistemas de arquivos padrão, bem como os dados extras associados com um sistema de arquivos com journaling.

Principais Áreas de Conhecimento:

- Verificar a integridade dos sistemas de arquivos.
- Monitorar os espaços livres e inodes.
- Reparar problemas simples dos sistemas de arquivos.

Segue uma lista parcial dos arquivos, termos e utilitários usados:

- du
- df
- fsck
- e2fsck
- mke2fs
- tune2fs
- xfs_repair
- xfs_fsr
- xfs_db

104.3 Controle da montagem e desmontagem dos sistemas de arquivos

Peso: 3

Descrição: Os candidatos devem ser capazes de configurar a montagem dos sistemas de arquivos.

Principais Áreas de Conhecimento:

- Montar e desmontar manualmente sistemas de arquivos.
- Configurar a montagem dos sistemas de arquivos no início do sistema.
- Configurar sistemas de arquivos removíveis e montáveis pelo usuário.
- Utilização de etiquetas (labels) e UUIDs para identificar e montar sistemas de arquivos.
- Noções de unidades de montagem do systemd.

Segue uma lista parcial dos arquivos, termos e utilitários usados:

- /etc/fstab
- /media/
- mount
- umount
- blkid
- lsblk

104.4 Removido

104.5 Controlar permissões e propriedades de arquivos

Peso: 3

Descrição: Os candidatos devem ser capazes de controlar o acesso aos arquivos através do uso correto das permissões e propriedades.

Principais Áreas de Conhecimento:

- Gerenciar permissões de acesso a arquivos comuns e especiais, bem como aos diretórios.
- Usar os modos de acesso tais como suid, sgid e o sticky bit (bit de aderência) para manter a segurança.
- Saber como mudar a máscara de criação de arquivo.
- Usar o campo de grupo para conceder acesso para grupos de trabalho.

Segue uma lista parcial dos arquivos, termos e utilitários usados:

- chmod
- umask
- chown
- chgrp

104.6 Criar e alterar links simbólicos e hardlinks

Peso: 2

Descrição: Os candidatos devem ser capazes de criar e gerenciar links simbólicos e hardlinks para um arquivo.

Principais Áreas de Conhecimento:

- Criar links.
- Identificar links simbólicos e/ou hardlinks.
- Copiar arquivos versus criar links de arquivos.
- Usar links para dar suporte a tarefas de administração do sistema.

Segue uma lista parcial dos arquivos, termos e utilitários usados:

- ln
- ls

104.7 Encontrar arquivos de sistema e conhecer sua localização correta

Peso: 2

Descrição: Os candidatos devem estar completamente familiarizados com o FHS, incluindo as localizações típicas dos arquivos e as classificações dos diretórios.

Principais Áreas de Conhecimento:

- Entender a localização correta dos arquivos dentro do FHS.
- Encontrar arquivos e comandos em um sistema Linux.
- Conhecer a localização e a finalidade de arquivos e diretórios importantes definidos no FHS.

Segue uma lista parcial dos arquivos, termos e utilitários usados:

- find
- locate
- updatedb
- whereis
- which
- type
- /etc/updatedb.conf

Objetivos:

Exame 102 - versão 5.0

Tópico 105: Shells e scripts do Shell

105.1 Personalizar e trabalhar no ambiente shell

Peso: 4

Descrição: Os candidatos devem ser capazes de personalizar o ambiente shell para atender às necessidades dos usuários. Também devem ser capazes de modificar arquivos de configuração global e de configuração local de usuários.

Principais Áreas de Conhecimento:

- Definir variáveis de ambiente (por exemplo, PATH) no início da sessão ou quando abrir um novo shell.
- Escrever funções Bash para sequências de comandos frequentemente usadas.
- Manter o esqueleto de diretórios (skeleton) para novas contas de usuários.
- Definir os caminhos de busca de comandos para apontar para os diretórios corretos.

Segue uma lista parcial dos arquivos, termos e utilitários usados:

- .
- source
- /etc/bash.bashrc
- /etc/profile
- env
- export
- set
- unset
- ~/.bash_login
- ~/.profile
- ~/.bashrc
- ~/.bash_logout
- function
- alias
- ~/.bash_profile

105.2 Editar e escrever scripts simples

Peso: 4

Descrição: Os candidatos devem ser capazes de editar scripts existentes ou escrever um novo script simples do Bash.

Principais Áreas de Conhecimento:

- Usar a sintaxe padrão sh (repetição, testes).
- Usar a substituição de comandos.

- Valores retornados por um sucesso ou falha de teste ou outra informação fornecida por um comando.
- Executar comandos encadeados.
- Enviar mensagens para o superusuário.
- Selecionar corretamente o interpretador de script através da linha shebang (#!).
- Gerenciar a localização, propriedade, permissão e permissão suid dos scripts.

Segue uma lista parcial dos arquivos, termos e utilitários usados:

- for
- while
- test
- if
- read
- seq
- exec
- &&

Tópico 106: Interfaces de usuário e Desktops

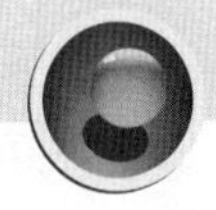

106.1 Instalar e configurar o X11

Peso: 2

Descrição: Os candidatos devem ser capazes de instalar e configurar o X11.

Principais Áreas de Conhecimento:

- Entendimento da arquitetura do X11.
- Entendimento e conhecimento básico do arquivo de configuração do X Window.
- Substituir aspectos específicos da configuração do Xorg, como o layout de teclado.
- Entendimento dos componentes de um ambiente de desktop, como gerenciadores de display e gerenciadores de janelas.
- Controlar o acesso ao servidor X e exibir aplicativos em servidores X remotos.
- Noções do Wayland.

Segue uma lista parcial dos arquivos, termos e utilitários usados:

- /etc/X11/xorg.conf
- /etc/X11/xorg.conf.d/

- ~/.xsession-errors
- xhost
- xauth
- DISPLAY
- X

106.2 Desktops gráficos

Peso: 1

Descrição: Os candidatos devem conhecer os principais desktops do Linux. Além disso, devem conhecer os protocolos utilizados para acessar sessões de desktop remoto.

Principais Áreas de Conhecimento:

- Noções dos principais ambientes de desktop.
- Noções dos protocolos utilizados para acessar sessões de desktop remoto.

Segue uma lista parcial dos arquivos, termos e utilitários usados:

- KDE
- Gnome
- Xfce
- X11
- XDMCP
- VNC
- Spice
- RDP

106.3 Acessibilidade

Peso: 1

Descrição: Demonstrar conhecimento e saber que existem tecnologias de acessibilidade.

Principais Áreas de Conhecimento:

- Conhecimento básico das configurações visuais e temas.
- Conhecimento básico das tecnologias assistivas.

Segue uma lista parcial dos arquivos, termos e utilitários usados:

- Temas de Alto Contraste/Texto Grande.
- Leitor de Tela.
- Display Braille.
- Lente de Aumento.
- Teclado Virtual.
- Teclas de aderência e repetição.
- Teclas de alternância.
- Teclas no mouse.
- Gestos.
- Reconhecimento de fala.

Tópico 107: Tarefas administrativas

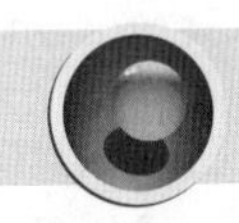

107.1 Administrar contas de usuário, grupos e arquivos de sistema relacionados

Peso: 5

Descrição: Os candidatos devem ser capazes de adicionar, remover, suspender e modificar contas de usuários.

Principais Áreas de Conhecimento:

- Adicionar, modificar e remover usuários e grupos.
- Gerenciar informações de usuários/grupos em banco de dados senhas/grupos.
- Criar e administrar contas com propósitos especiais e contas limitadas.

Segue uma lista parcial dos arquivos, termos e utilitários usados:

- /etc/passwd
- /etc/shadow
- /etc/group
- /etc/skel/
- chage
- getent
- groupadd
- groupdel
- groupmod
- passwd
- useradd
- userdel
- usermod

107.2 Automatizar e agendar tarefas administrativas de sistema

Peso: 4

Descrição: Os candidatos devem ser capazes de usar cron e timers do systemd para executar tarefas em intervalos regulares e usar at para rodar tarefas em um horário específico.

Principais Áreas de Conhecimento:

- Gerenciar tarefas usando cron e at.
- Configurar o acesso dos usuários a serviços cron e at.
- Entender as unidades temporizadoras (timers) do systemd.

Segue uma lista parcial dos arquivos, termos e utilitários usados:

- /etc/cron.{d,daily,hourly,monthly,weekly}/
- /etc/at.deny
- /etc/at.allow
- /etc/crontab
- /etc/cron.allow
- /etc/cron.deny
- /var/spool/cron/
- crontab
- at
- atq
- atrm
- systemctl
- systemd-run

107.3 Localização e internacionalização

Peso: 3

Descrição: O nome dado à definição sobre qual idioma e conjunto de caracteres usar é localizar ou localização. Os candidatos devem ser capazes de localizar um sistema em um idioma diferente do inglês, bem como ter um entendimento do porquê de LANG=C ser útil quando se está escrevendo scripts.

Principais Áreas de Conhecimento:

- Configurar idioma e variáveis de ambiente.
- Configurar fuso horário e variáveis de ambiente.

Segue uma lista parcial dos arquivos, termos e utilitários usados:

- /etc/timezone
- /etc/localtime
- /usr/share/zoneinfo/
- LC_*
- LC_ALL
- LANG
- TZ
- /usr/bin/locale
- tzselect
- timedatectl
- date
- iconv
- UTF-8
- ISO-8859
- ASCII
- Unicode

Tópico 108: Serviços essenciais do sistema

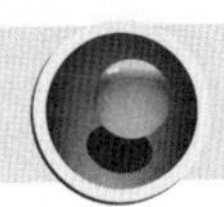

108.1 Manutenção da data e hora do sistema

Peso: 3

Descrição: Os candidatos devem ser capazes de manter correta a hora do sistema e de sincronizar o relógio através de NTP.

Principais Áreas de Conhecimento:

- Definir a data e a hora do sistema.
- Definir o relógio do hardware com a hora correta em UTC.
- Configurar o fuso horário correto.
- Configuração básica do NTP usando o ntpd e o chrony.
- Usar o serviço pool.ntp.org.
- Noções do comando ntpq.

Segue uma lista parcial dos arquivos, termos e utilitários usados:

- /usr/share/zoneinfo/
- /etc/timezone
- /etc/localtime
- /etc/ntp.conf
- /etc/chrony.conf
- date
- hwclock
- timedatectl
- ntpd
- ntpdate
- chronyc
- pool.ntp.org

108.2 Log do sistema

Peso: 4

Descrição: Os candidatos devem ser capazes de configurar o serviço rsyslog. Este objetivo inclui configurar o serviço de mensagens de log para enviar as mensagens para um servidor central ou recebê-las como um servidor central. O uso do subsistema de journal do systemd é cobrado. Além disso, está incluído neste objetivo saber que existem alternativas ao syslog e o syslog-ng.

Principais Áreas de Conhecimento:

- Configuração básica do rsyslog.
- Entendimento das facilidades (facilities), prioridades (priorities) e ações padrão.
- Consultar o diário (journal) do systemd.
- Filtrar o diário (journal) do systemd utilizando critérios como data, serviço ou prioridade.
- Apagar informações antigas do diário (journal) do systemd.
- Recuperar as informações do diário (journal) do systemd a partir de um sistema em manutenção ou uma cópia do sistema de arquivos.
- Entender a interação entre o rsyslog e o systemd-journald.
- Configuração do logrotate.
- Noções do syslog e do syslog-ng.

Segue uma lista parcial dos arquivos, termos e utilitários usados:

- /etc/rsyslog.conf
- /var/log/
- logger
- logrotate
- /etc/logrotate.conf
- /etc/logrotate.d/
- journalctl
- systemd-cat
- /etc/systemd/journald.conf
- /var/log/journal/

108.3 Fundamentos de MTA (Mail Transfer Agent)

Peso: 3

Descrição: Os candidatos devem estar cientes dos programas MTA comumente usados e devem ser capazes de realizar as configurações básicas dos arquivos /etc/aliases e .forward em um computador cliente. Outros arquivos de configuração não são cobrados.

Principais Áreas de Conhecimento:

- Criar aliases de e-mail.
- Configurar o redirecionamento de e-mail.
- Conhecimento sobre os programas MTA comumente usados (postfix, sendmail, qmail, exim) (não é cobrada a configuração desses programas).

Segue uma lista parcial dos arquivos, termos e utilitários usados:

- ~/.forward
- Comandos que simulam o sendmail
- newaliases
- mail
- mailq
- postfix
- sendmail
- exim

108.4 Configurar impressoras e impressão

Peso: 2

Descrição: Os candidatos devem ser capazes de gerenciar filas de impressão e trabalhos de impressão do usuário utilizando o CUPS e a interface de compatibilidade LPD.

Principais Áreas de Conhecimento:

- Configuração básica do CUPS (para impressoras locais e remotas).
- Gerenciar a fila de impressão do usuário.
- Resolução de problemas gerais de impressão.
- Adicionar e remover trabalhos da fila de impressão de impressoras configuradas.

Segue uma lista parcial dos arquivos, termos e utilitários usados:

- Arquivos de configuração do CUPS, ferramentas e utilitários
- /etc/cups/
- Interface legada lpd (lpr, lprm, lpq)

Tópico 109: Fundamentos de Rede

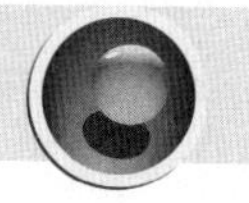

109.1 Fundamentos de protocolos de internet

Peso: 4

Descrição: Os candidatos devem demonstrar conhecimento adequado sobre os fundamentos das redes TCP/IP.

Principais Áreas de Conhecimento:

- Demonstrar conhecimento adequado sobre máscaras de rede e a notação CIDR.
- Conhecimento sobre as diferenças entre endereços públicos de IP e reservados para uso de redes privadas (notação "dotted quad").
- Conhecimento sobre as portas e serviços TCP e UDP mais comuns (20, 21, 22, 23, 25, 53, 80, 110, 123, 139, 143, 161, 162, 389, 443, 465, 514, 636, 993, 995).
- Conhecimento sobre as diferenças e principais características dos protocolos UDP, TCP e ICMP.
- Conhecimento das principais diferenças entre IPv4 e IPv6.
- Conhecimento sobre as características básicas do IPv6.

Segue uma lista parcial dos arquivos, termos e utilitários usados:

- /etc/services
- IPv4, IPv6
- Subredes
- TCP, UDP, ICMP

109.2 Configuração persistente de rede

Peso: 4

Descrição: Os candidatos devem ser capazes de administrar a configuração persistente de rede em um sistema Linux.

Principais Áreas de Conhecimento:

- Configuração básica de um host TCP/IP.
- Configurar a ethernet e a rede wi-fi usando o NetworkManager.
- Noções do systemd-networkd.

Segue uma lista parcial dos arquivos, termos e utilitários usados:

- /etc/hostname
- /etc/hosts
- /etc/nsswitch.conf
- /etc/resolv.conf
- nmcli
- hostnamectl
- ifup
- ifdown

109.3 Soluções para problemas simples de rede

Peso: 4

Descrição: Os candidatos devem ser capazes de solucionar problemas de rede em computadores clientes.

Principais Áreas de Conhecimento:

- Configuração manual de interfaces de rede, incluindo verificar e alterar a configuração de interfaces de rede usando o iproute2.
- Configuração manual de tabelas de roteamento, incluindo verificar e alterar a tabela de rotas e definir a rota padrão usando o iproute2.
- Solucionar problemas associados com a configuração da rede.
- Noções dos comandos legados do net-tools.

Segue uma lista parcial dos arquivos, termos e utilitários usados:

- ip
- hostname
- ss
- ping
- ping6
- traceroute
- traceroute6
- tracepath
- tracepath6
- netcat
- ifconfig
- netstat
- route

109.4 Configurar cliente DNS

Peso: 2

Descrição: Os candidatos devem ser capazes de configurar o DNS em um computador cliente.

Principais Áreas de Conhecimento:

- Consultar servidores DNS remotos.
- Configurar a resolução local de nomes e o uso de servidores DNS remotos.
- Modificar a ordem em que a resolução de nomes é feita.
- Identificar erros relacionados à resolução de nomes.
- Noções do systemd-resolved.

Segue uma lista parcial dos arquivos, termos e utilitários usados:

- /etc/hosts
- /etc/resolv.conf
- /etc/nsswitch.conf
- host
- dig
- getent

Tópico 110: Segurança

110.1 Tarefas administrativas de segurança

Peso: 3

Descrição: Os candidatos devem ser capazes de examinar a configuração do sistema para garantir a segurança do computador, de acordo com as políticas de segurança locais.

Principais Áreas de Conhecimento:

- Auditar um sistema para encontrar arquivos com os bits suid/sgid ligados.
- Definir ou modificar as senhas dos usuários e as informações de expiração das senhas.

- Ser capaz de usar o nmap e o netstat para descobrir portas abertas em um sistema.
- Definir limites sobre os logins do usuário, processos e uso de memória.
- Determinar quais usuários se conectaram ao sistema ou estão conectados no momento.
- Uso e configuração básica do sudo.

Segue uma lista parcial dos arquivos, termos e utilitários usados:

- find
- passwd
- fuser
- lsof
- nmap
- chage
- netstat
- sudo
- /etc/sudoers
- su
- usermod
- ulimit
- who, w, last

110.2 Segurança do host

Peso: 3

Descrição: Os candidatos devem saber como configurar um nível básico de segurança do computador.

Principais Áreas de Conhecimento:

- Saber que existem senhas sombreadas (shadow) e como elas funcionam.
- Desligar os serviços de rede que não estão em uso.
- Entender a função do TCP wrappers.

Segue uma lista parcial dos arquivos, termos e utilitários usados:

- /etc/nologin
- /etc/passwd
- /etc/shadow
- /etc/xinetd.d/
- /etc/xinetd.conf
- systemd.socket
- /etc/inittab
- /etc/init.d/
- /etc/hosts.allow
- /etc/hosts.deny

110.3 Proteção de dados com criptografia

Peso: 4

Descrição: Os candidatos devem ser capazes de usar a criptografia de chave pública para proteger os dados e as comunicações.

Principais Áreas de Conhecimento:

- Fazer uso e realizar a configuração básica do cliente OpenSSH 2.
- Entender a finalidade das chaves de servidor no OpenSSH 2.
- Configuração básica do GnuPG, seu uso e revogação.
- Usar o GPG para criptografar, descriptografar e verificar arquivos.
- Entender os túneis de porta do SSH (incluindo túneis X11).

Segue uma lista parcial dos arquivos, termos e utilitários usados:

- ssh
- ssh-keygen
- ssh-agent
- ssh-add
- ~/.ssh/id_rsa e id_rsa.pub
- ~/.ssh/id_dsa e id_dsa.pub
- ~/.ssh/id_ecdsa e id_ecdsa.pub
- ~/.ssh/id_ed25519 e id_ed25519.pub
- /etc/ssh/ssh_host_rsa_key e ssh_host_rsa_key.pub
- /etc/ssh/ssh_host_dsa_key e ssh_host_dsa_key.pub
- /etc/ssh/ssh_host_ecdsa_key e ssh_host_ecdsa_key.pub
- /etc/ssh/ssh_host_ed25519_key e ssh_host_ed25519_key.pub
- ~/.ssh/authorized_keys
- ssh_known_hosts
- gpg
- gpg-agent
- ~/.gnupg/